太喜欢思考了！

给孩子解决问题的金钥匙

像科学家
一样思考

THINK
LIKE A
SCIENTIST

[英] 亚历克斯·伍尔夫 著
[英] 大卫·布罗德本特 绘
刘小群 译

中信出版集团 | 北京

图书在版编目(CIP)数据

像科学家一样思考 / (英) 亚历克斯·伍尔夫著;
(英) 大卫·布罗德本特绘;刘小群译. -- 北京:中信
出版社, 2022.11
(太喜欢思考了!)
书名原文: Think Like a Scientist
ISBN 978-7-5217-4666-2

Ⅰ.①像… Ⅱ.①亚… ②大… ③刘… Ⅲ.①思维方
法—少儿读物 Ⅳ.①B804-49

中国版本图书馆CIP数据核字 (2022) 第153266号

像科学家一样思考

(太喜欢思考了!)

著　者:[英]亚历克斯·伍尔夫
绘　者:[英]大卫·布罗德本特
译　者:刘小群
出版发行:中信出版集团股份有限公司
　　　　　(北京市朝阳区惠新东街甲4号富盛大厦2座　邮编　100029)
承 印 者:北京盛通印刷股份有限公司

开　本:889mm×1194mm　1/16　　印　张:3　　字　数:60千字
版　次:2022年11月第1版　　印　次:2022年11月第1次印刷
京权图字:01-2022-1954
书　号:ISBN 978-7-5217-4666-2
定　价:96.00元(全6册)

出　　品　中信儿童书店
图书策划　红披风
策划编辑　郝兰
责任编辑　房阳
营销编辑　易晓倩　李鑫橦
装帧设计　颂煜文化
封面设计　谭潇

本书所述活动始终应在可信赖的成人陪伴下进行。可信赖的成人是指儿童生活中一位年龄超过18岁的人士,他可以让儿童感到安全、舒适并得到帮助,可以是父母、老师、朋友、护工等。

目录

科学名人故事

练习加油站

你是否有好奇心？

你对这个世界感到好奇吗？你想对它一探究竟吗？

那么，你将成为一名**伟大的科学家**！科学家从不简单接受苹果会从树上掉落、冰激凌会在阳光下融化……科学家总是会提出疑问。

像科学家一样思考意味着你要有开放性思维。也就是说，你要愿意接受新的想法。当然，这并不是说你要相信**所有**事情。

为什么会这样？

我可能会被吸进洗手池的排水孔！

像科学家一样思考，并不意味着你会变成一个胆怯的人——它要求你**相信你的感官告诉你的**。比如你的眼睛会告诉你，排水孔要比你小得多。

结论：事实上，你非常安全！

有时候，你会发现有些事情似乎怪诞诡异，或者难以置信。头脑闭塞的人会认为它们很神奇，但很快就将其抛之脑后。科学家却想弄清楚它**为什么**会发生。

当你感受到两块磁铁之间相互吸引时，
你可能会问：**这是魔法吗？**

如果一名科学家想了解**这个世界是如何运转的**，他会提出问题并试着寻找答案。这可能意味着他要去野外近距离研究大自然。也可能意味着他要在实验室里把各种化学物质混合在一起，然后观察它们的反应。

继续阅读，看看那些好奇心强、思维开放的人是如何给自己的问题寻找答案的，然后开始**训练你的大脑像科学家一样思考吧！**

收集数据

作为一名科学家，你需要用你的各种感官来收集关于世界的信息。科学家将这些信息称为**数据**。有时候，你的感官并不够用。你就需要一些设备来帮助你探测你的感官感受不到的东西，例如显微镜或望远镜。

哇，看起来好近呀！

有些数据以数字呈现，可以**量化**某种事物，例如，你可以用数字记录地球的周长。

有些数据是关于某些事物的**特性**。例如，黑猩猩的行为，或者草莓的风味，这些特性是各种不同的信息，我们无法用数字来描述它们。

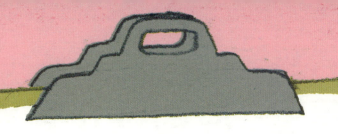

量一量你周围的事物，然后把测量的结果作为数据记录下来吧！

首先，列出一个问题清单。记住：问题必须与**数值**有关，你可以把它们**记录为数字**。

- 我的身高是多少？

- 我的体重是多少？

- 我的书桌有多长？

- 我的书桌上有多少个物品？

- 我念一遍字母表需要多长时间？

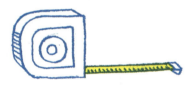

接下来，找到你需要使用的测量工具：

- 卷尺

- 电子秤

- 秒表

最后，去测量吧！记住把测量的结果写下来。

玛丽·居里：放射性元素发现者

　　1867 年 11 月 7 日，玛丽·居里出生于波兰华沙，原名玛丽·斯克罗多夫斯卡。她从小就是一个聪明的孩子，在学校表现优异。中学毕业后，玛丽希望进入大学学习科学。然而，在当时的波兰，女性不允许上大学，于是她前往法国著名的索邦大学学习。三年后，她获得了物理学学位。

　　大学期间，玛丽遇到了一位名叫皮埃尔·居里的科学家，他们俩于 1895 年结为夫妇。后来，玛丽迷上了**放射线**——它是某些元素放射出来的能量射线。玛丽是第一个假设放射线来自原子，而不是分子的人。她采用系统性的方法进行研究，这种方法是所有成功科学家都必须掌握的一项重要技能。她开始努力寻找其他**放射性元素**。1898 年，她发现钍元素具有放射性。

　　玛丽的认真探索和数据记录对她的研究有巨大帮助。

一天，玛丽正在研究一种叫作沥青铀矿的物质，突然她注意到这种物质会释放出大量的辐射——远远超出她的预期。为了弄清楚这些意外结果背后的科学原因，玛丽和皮埃尔花了好几个月的时间分析沥青铀矿。最终，他们意识到沥青铀矿中存在两种新元素，它们是以前从没有人发现过的新元素。玛丽以她出生的国家波兰的名字命名了其中一种元素——钋（polonium），并把另外一种元素命名为镭，因为它的放射性非常强烈。

1903 年，玛丽和皮埃尔荣获诺贝尔物理学奖，以表彰他们在放射性研究方面取得的卓越成就。玛丽是第一位获得诺贝尔奖的女性科学家。三年后，皮埃尔被一辆马车撞倒受伤，不幸去世。1911 年，玛丽因为发现了两种新元素而被授予诺贝尔化学奖。她是第一个两次荣获诺贝尔奖的人。

玛丽成为举世闻名的科学家。在她的研究工作的激励下，人们对**放射性**产生了巨大兴趣。放射性元素一词是玛丽和皮埃尔共同发明的，用于描述发出强辐射的元素。然而，玛丽最终因接触过多的放射性物质而病倒了，但当时人们并不知道辐射会对健康带来破坏性影响。今天，我们知道在做化学实验和有放射性的实验时一定要穿上防护服。1934 年 7 月 4 日，玛丽逝世。

遵循科学方法

如果让你想象一位科学家的样子，你想到的可能会是这样的：他超级聪明，一头乱糟糟的白发，永远沉迷在自己的天才思想中。

但是，你猜怎么着？你并不需要有乱糟糟的头发才能成为科学家！想成为科学家其实很简单。你只需要遵循**科学方法**。

科学方法由几个步骤组成。

步骤 1：提出一个问题。

例如：

> 这个水弹在地上会溅起多大的水花？

步骤 2：做出一个假设。

这听起来很复杂，但它真正的意思是把这个问题变成一个陈述。你也可以把你的陈述建立在你或其他人已有研究的基础上。例如：

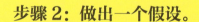

> 我姐姐和我打过一场水弹战，它们在地上溅起中等大小的水花。所以，我可以预计这个水弹会在地上溅起中等大小的水花。

步骤 3：检验你的假设。

当你做一些背景研究时，你应该设想一些如何检验你的假设的方法，然后进行实验，并记录你的实验结果。

它们能证明你的假设是对的还是错的。

嗯，那是一朵大水花！

只需要完成以上几步就可以了。

如果你的假设被证明是正确的，你要做的就是让大家知道你的结果。如果它被证明是错误的，你就要从头再来，用你所学的知识提出一个**新的假设**，然后再去检验它。

提出一个问题

现在我们需要把科学方法分解成几个步骤。步骤 1 是提出一个问题。我们都知道如何提出问题，但作为一名科学家，你不能只提笼统的问题，科学问题必须是**精确的**。

在长途汽车旅行中，你可能会问：

> 我们快到了吗？

这不是一个科学问题，因为"快到了"不是一个精确的词。成年人可能认为"快到了"意味着"半小时后到"，而你可能认为它意味着"五分钟后到"。

科学问题需要提供一个人人都认可的答案。"哪种汤的味道最好？"不是一个科学问题，因为人们会给出不同的答案，而这些答案都不是正确的答案，也都不是错误的答案。

生活中有许多很棒的科学问题。例如，为什么天是蓝的，为什么草是绿的，为什么有些鸟在冬天迁徙。

你可以在书上或网上找到这些问题的答案。但如果你想自己做一些科学研究，你需要提出一个**可验证的**问题。这意味着你可以通过**实验**来回答你提出的问题。

一个可验证的问题是改变其中一个事项，会对其他事项产生影响的问题。例如：

如果我增加坡道的高度，我的滑板会下滑得更快吗？

其他可验证的问题：

如果我把肥料甲换成肥料乙，我的草会长得更茂盛吗？

如果我在水里放盐，水中的物体会更容易漂浮起来吗？

做出一个假设

一旦你提出自己的问题，科学方法的下一步骤是把这个问题变成一个陈述，我们称之为假设。这个假设应该尝试回答你的问题。

如果我喂猫喂迟了，我想它会喵喵叫。

喵!

假设绝不是胡乱猜测，而是有根据的猜测。换句话说，这是你根据自己的经验或研究认为会发生的事情。

记住，重要的是你的假设在实验中是可验证的。换句话说，它应该预测到某种变化带来的结果。

"巧克力在高温下熔化得很快"

不是一个好的假设，

因为它相当模糊，而且难以检验。

好一点的假设是

"巧克力在阳光下晒一个小时会

比放在阴凉处熔化得更快"。

这个假设是可以检验的，

因为它预测了

巧克力从阳光下挪到阴凉处

带来的影响。

做出假设的一个好方法是使用"如果……那么……"结构的句子。

句子的**如果**部分是一个一般性的陈述。例如："**如果**热量导致巧克力熔化……"

句子的**那么**部分是一个具体的陈述："**那么**巧克力在阳光下会比在阴凉处熔化得更快。"

这里还有一个例子：**如果**运动物体的形状决定其所受空气阻力的大小（一般陈述），**那么**一支箭受到的空气阻力会比一块岩石受到的空气阻力小（具体陈述）。

所以，假设是**有根据的猜测**。它应该清晰、简单，而且是可验证的。

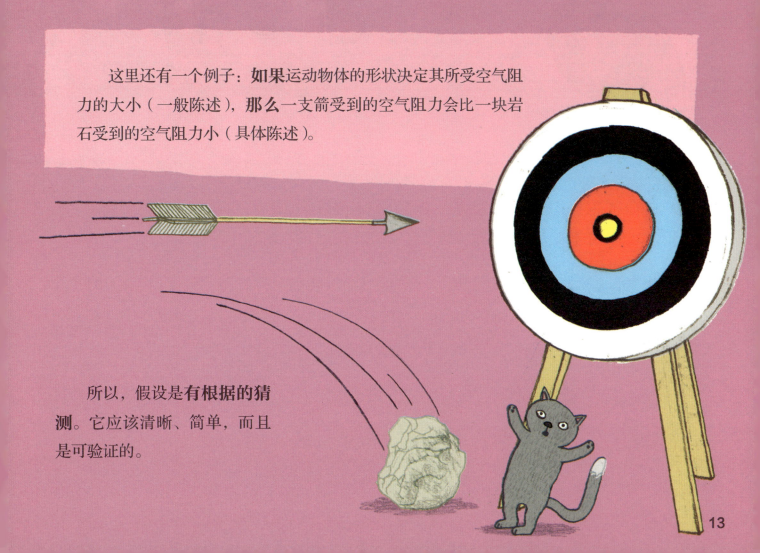

检验你的假设

为了检验你的假设，你需要做一个实验。有时实验会出错。不过别担心，你几乎总会从实验中学到一些东西的！

这里有一个假设——

> 盐水比普通水的浮力要大得多。

你如何通过实验来检验这一点？你可以试着去游泳池漂浮，然后再去大海里试试。不过，你可能不在海边居住。不仅如此，大海和游泳池之间存在巨大差异。

大海波浪汹涌，海水可能会更冷，你的游泳动作也可能不同。这些可能会有差异的因素或条件被称为**变量**。

在实验中，除了你想要测试的变量之外，你需要保持所有其他变量相同。所以，在盐水**浮力**实验中，唯一应该变化的是水中的盐分含量。

你可以做这样一个实验，让所有变量保持不变——除了你想要测试的变量。

你需要：

- 三个相同的
  玻璃杯

- 三个大小差不多的鸡蛋

- 盐

- 一个大汤匙

- 一壶水

步骤：

1. 向各玻璃杯中倒入半杯水。

2. 在第一个玻璃杯中加入 6 汤匙盐，搅拌至盐溶解。然后在第二个玻璃杯中加入 3 汤匙盐，同样搅拌至盐溶解。第三个杯子不加盐。

3. 在每个玻璃杯中都轻轻放入一个鸡蛋，观察会发生什么。

你观察到什么结果？
是否有鸡蛋浮起来？
哪个玻璃杯里的鸡蛋浮得最高？

伽利略·伽利莱：重视实验的天文学家

1564 年 2 月 15 日，伽利略在意大利比萨附近出生，他的父亲是一位音乐家。1581 年，伽利略进入比萨大学学习医学。但他很快就迷上了其他学科，尤其是数学和物理。

伽利略开展了物体运动和下落方式的实验。在当时，人们认为重的物体比轻的物体下落更快。伽利略通过在比萨斜塔上的落体实验等，证明在忽略空气阻力的情况下，所有的物体都以相同的速度下落，而和它们的重量毫无关系。

1609 年，伽利略听说荷兰眼镜制造商发明了一种名为"望远镜"的新设备，于是他自己也动手制作了一台望远镜，用于研究夜空。后来，他取得了多项重要发现。他不仅发现金星这颗行星的盈亏和月亮的盈亏十分相似，证明它在绕着太阳转，还发现了木星也有自己的卫星。

当时人们认为所有天体都绕地球运行，伽利略的发现推翻了这种观念。他通过观察得出结论：太阳位于宇宙的中心，地球和所有其他行星都绕着太阳转。（我们现在知道太阳是太阳系的中心，而不是宇宙的中心。）这个宇宙模型最初是由萨摩斯的古希腊天文学家阿利斯塔克提出的，后来波兰天文学家尼古拉·哥白尼也提出了日心说。当伽利略公开这一理论时，教会中许多人并不认同。

后来，哥白尼的《天体运行论》被宗教法庭列为禁书，伽利略也被要求必须放弃地球围绕太阳转的观点。

伽利略违反了这一规定，他因此被判有罪，之后被判处终身监禁。

1642 年 1 月 8 日，伽利略去世。他的发现极大地促进了我们对宇宙的理解。他还教导我们要敢于质疑传统观念，用实验来发现世界运转的真相。这种研究方法是他对近代科学的最重要贡献。

挖掘数据

你从实验中收集的信息被称为**数据**。你可以把它记录在清单或表格中，然后通过分析得出结论。

分析数据意味着找到事物运转的模式。

在"鸡蛋漂浮"实验中（见第 15 页），这种模式很明显：水中的盐越多，鸡蛋漂浮得越高。要检验这种模式是否正确，可以尝试收集更多数据，如分别向水中添加 1、2、4、5 汤匙的盐，看看效果如何。

由此你能得出什么结论？数据揭示的模式和你最初的假设一致吗？

如果很难发现一个模式，试着制作一张数据图，例如把数据变成一幅条形图或者一幅折线图。

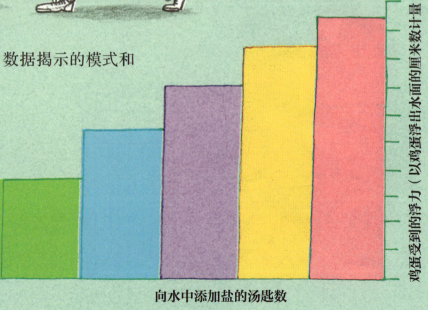

向水中添加盐的汤匙数

鸡蛋受到的浮力（以鸡蛋浮出水面的厘米数计量）

试着检验另一个假设，然后分析得到的数据，以找到其中的模式。

如果我升高一杯水的温度，那么溶解在其中的糖的量会增加。

要检验这个假设可以做这样的实验：

1. 将方糖放入冷水中，搅拌至溶解。
2. 用更多的方糖重复这个过程，一块一块地向水中加糖直到方糖不再溶解并聚集在玻璃杯底部。记下你加了多少块方糖。
3. 用温水重复上述过程（用温度计记录水温）。
4. 再做三次实验，每次都提高一点水温。

注意：千万不要使用滚烫的热水或沸水，只能使用温水。

使用条形图或折线图记录你的结果。

错了？这没什么！

人人都会犯错，这没什么关系。它是我们本性的一部分。所以，如果你的实验出错，或者你在数据里找不到模式，不要担心。再优秀的科学家也会遇到这种情况。

当我们犯错时，我们有时可能会说：

> 我真笨，实验搞砸了！

这样的想法并不正确。

记住，你的大脑不是固定不变的，它更像一块海绵，总是会吸收新的知识。你在不断进步，你有能力**改变自己，并且不断成长**。

关键是要从错误中吸取教训。继续前进，永不放弃。

如果事情总是出错，不要生自己的气。做完实验之后，花点时间想一想，自己都做过什么。这样有助于你找到可能给你带来麻烦的思维模式。

我们很多人都会犯这样的错误：在实验之前就认为自己知道实验结果会怎样。然后，我们可能会寻找支持我们假设的证据，而忽略反驳它的证据。

例如，想象一下，这是你的假设：

> 惯用左手的人比惯用右手的人更有创造力。

这可能会导致你只寻找惯用左手的创意者，而忽略惯用右手的创意者。

科学家常常会提出后来被证明是错误的理论，但科学的目标并不总是寻找正确的答案，而是探索新的想法，并验证它们。这些想法有时是错的，有时是对的，科学就是这样一步一步向前推进的。

制作模型

我们都知道什么是模型。你可以自己制作一个模型——飞机、城堡或火山模型。科学家也使用模型，但科学模型与你所认为的模型有一些区别。

科学模型是复杂的或难以观察的事物的简化版本。

我们用肉眼看不到原子，因为它们太小了。不过，我们可以建立一个原子的模型。

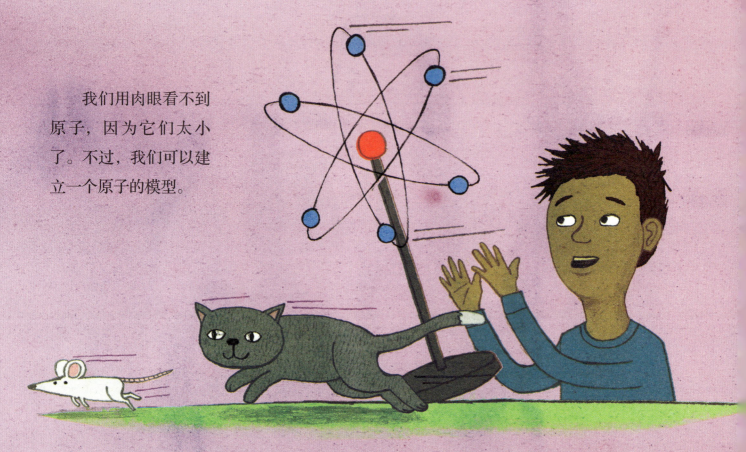

为了创建原子模型，科学家收集了他们所知晓的关于原子及其运动方式的所有信息，并构建了与这些数据相符的模型结构。

这个模型并没有告诉科学家原子实际上是什么样子，而是根据他们对原子的了解，让他们了解原子可能是什么样子。

科学家利用模型来了解难以直接观察的事物。

举例来说，如果你想了解某个事物，比如地球气候，该怎么办呢？科学家是这样做的。他们在计算机上建立了一个气候模型，用来探索如果人类继续燃烧化石燃料，气候将会产生怎样的变化。

太阳

燃烧化石燃料

太阳辐射

聚热

大气

散热

模型显示气候会变暖。我们燃烧的化石燃料的多少是变量（即模型中可以改变的部分）。

大气中的二氧化碳和其他气体吸收热量，导致地球变暖。

这个模型告诉我们，如果我们少燃烧化石燃料，那么地球就不会变得太暖。

模型告诉我们应该转向使用绿色能源。

星球探测

古往今来，人们一直在研究夜空中的恒星、行星和其他天体。

今天，天文学家使用的望远镜功能十分强大，令人难以置信，因此，他们能够看到的宇宙比以往任何时候都更加遥远。

与其他科学家不同，天文学家不是通过在实验室做实验来获得数据。

> 我们通过观察太空中的天体获得数据。

天文学家通过分析这些数据得出结论。有时候，他们会创建计算机模型来帮助他们理解观察到的现象，例如恒星爆炸和黑洞。

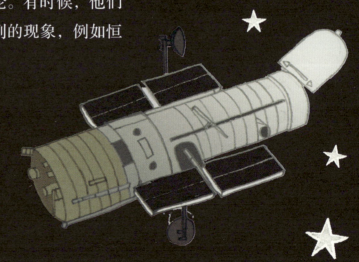

要成为一名天文学家，你需要对宇宙充满好奇，并且善于观察。这也有助于培养你的**耐心**，让你以**井然有序**的方式工作。

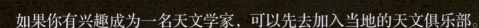

如果你有兴趣成为一名天文学家，可以先去加入当地的天文俱乐部。

试着自己做一些天文研究。

选择太阳系中的一颗行星。

编写一份关于这颗行星的简介，并回答以下问题：

它距离地球有多远?

它绕太阳一周需多长时间?

它有几颗卫星?

它有多大?

它有多重?

它是由什么构成的?

它有大气吗?

它有环吗?

做研究时，要对照多个资料来源，来验证你发现的任何事实。**不要依赖单一的网站或书籍来获取所有信息。**

找出一项关于这颗行星有趣或令人惊讶的事实。

在互联网上搜索一张你所选星球的图片，并把它插入你的简介。

黛布拉·菲舍尔：星球猎人

  黛布拉·菲舍尔是一位美国天文学家，她致力于探索围绕其他恒星运转的类地行星。这些新天体被称为系外行星，它们非常遥远，难以探测。

  1975 年，菲舍尔毕业于艾奥瓦大学。她最初的理想是当一名医生，但在读大学期间，她对天文学产生了浓厚的兴趣。她参加了加州汉密尔顿山利克天文台的一个项目，发现自己非常喜欢观察宇宙。

  1995 年，菲舍尔在攻读博士学位期间发现第一颗系外行星。她被这个新的研究领域迷住了。1997 年，她加入了寻找新天体的行列。

  恒星又大又亮，而围绕它们的行星又小又暗，那么天文学家如何找到它们呢？当一颗行星经过一颗恒星的前方时，恒星的光就会被行星遮挡，它的亮度就会稍稍变暗。天文学家使用一种叫作光度计的仪器测量恒星亮度的微小变化。此外，行星的引力会导致恒星轻微摇晃。天文学家利用多普勒光谱学来感知恒星的这些运动。

迄今为止，菲舍尔已经发现了数百颗系外行星。1999年，她发现了第一个太阳系之外的多行星系统。她的研究极大地加深了我们对系外行星和太阳系的了解。例如，她揭示了为什么某些恒星系更有可能诞生气态巨行星（像木星这样的大型气态行星）。

菲舍尔和她的团队发现了许多奇怪的行星，包括一颗围绕两颗恒星运转的行星！现在，她正在努力开发新的、更强大的仪器来探测小型岩态行星。她的最终目标是找到一个像地球一样能够支持生命的星球。这样的行星的大小必须和地球相似，它和恒星的距离也与地球和太阳的距离相似，并且拥有合适的大气层。

随着天文仪器的改进，我们会发现更多行星。对于像菲舍尔这样的星球"猎人"来说，每次发现都是难以置信的时刻，令人无比激动！

化石猎人

化石是保存在岩石中的史前动植物或其他事物的遗骸或遗迹。研究化石的科学家被称为古生物学家。通过研究化石，他们可以了解这个星球上的生命史。

古生物学家通过化石了解物种进化的时间和方式。

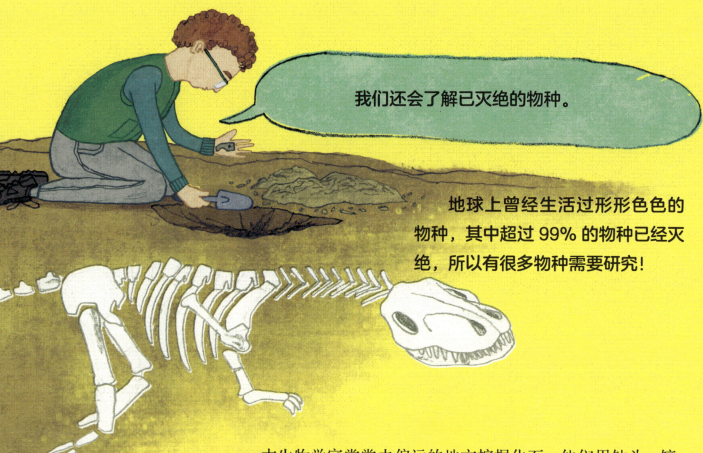

我们还会了解已灭绝的物种。

地球上曾经生活过形形色色的物种，其中超过 99% 的物种已经灭绝，所以有很多物种需要研究！

古生物学家常常去偏远的地方挖掘化石。他们用钻头、镐、凿子、铲子和刷子完成化石挖掘任务。

每发现一块化石，他们都会仔细观察周围的岩石，并对这块化石提出各种疑问。就像今天的地球一样，史前世界也有河流、森林和沙漠，每种环境都在岩石中留下不同种类的沉积物。

一位古生物学家会问：这些化石生物生前栖息地的这些沉积物能告诉我什么？

创造自己的化石

真正的化石需要数百万年才能形成，骨骼、牙齿和贝壳都会慢慢地变成岩石。不过，你可以在几天之内创造一块看起来和化石非常相似的东西。

你需要：

- 150 克咖啡渣
- 100 ~ 120 毫升冷咖啡
- 150 克面粉
- 200 克盐
- 蜡纸
- 搅拌碗和勺子
- 贝壳、玩具动物或其他小物品

步骤：

1. 将咖啡渣、面粉和盐倒入碗中，混合在一起。
2. 加入冷咖啡，搅拌至面团状。
3. 揉搓面团，然后把它压平放在蜡纸上。
4. 将一个小玩具牢牢地压入面团内，留下它的印记。
5. 移开这个玩具，你的"化石"诞生了！
6. 让你的"化石"硬化一到两天。

想象一下，一位古生物学家在几百万年后发现了你的"化石"。他们在研究你的"化石"的时候可能会问什么问题？

天气专家

当你看向窗外时，你也许能够猜到未来的天气会怎样。可是，对于像农民和水手这样的人来说，仅仅靠猜测是不够的。他们需要确切地知道未来的天气会怎样。

研究天气的科学家被称为气象学家。他们拥有检测风速、气压和雨雪量的各种工具，并通过这些工具来收集天气数据。

通过研究多年的天气数据，科学家能够发现气候是如何变化的。

他们可以从树木年轮和冰心中收集数据，用于了解很久以前的天气状况。

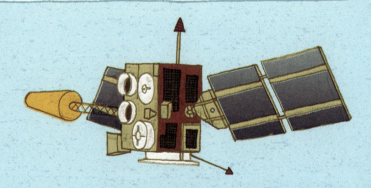

环绕地球的卫星拍照和测量地球表面的温度。

在玻璃杯里创造一场暴雨

你需要：

两个玻璃杯、水、剃须膏、食用色素、勺子

步骤：

1. 在玻璃杯里装入半杯水。

2. 在水面上喷洒一些剃须膏（"云"）。用勺子或手指把顶抹平，这样"云"就平整了。

3. 往另外一个杯子里倒入半杯水，加入食用色素，搅拌成彩色的水。

4. 将彩色的水一勺一勺地倒在"云"上。当它变得太重时，彩色的"雨滴"就会从"云"中坠落。

　　这个实验展示了：当云被水压得过重时，水最终会变成雨掉落下来。下"雨"之前，"云"喝了多少勺彩色水？

　　尝试改变变量。当你减少水量或增加剃须膏时，会发生什么？

　　用表格或折线图记录你的结果。

了解生命

你是否想过，是什么让一棵树不同于红绿灯，或者令一只鹳不同于一块石头？生命到底是什么？它是如何运作的？研究生命的科学家被称为生物学家。

> 我们研究各种生物，以发现它们是如何生存的。

生物学家试图弄清楚生物是如何进化的，它们是如何生长和繁殖的，以及它们与其他生物及环境之间的关系。

有些生物学家会花大量时间在野外研究自然栖息地上的植物和动物。这可以帮助他们了解为什么生物会有自己的行动，以及它们如何与其他物种互动。

有时候，他们研究的物种是侵略性的或有毒的，必须小心。

有些生物学家会研究那些非常微小、简单的生命形式，如细菌。你可以做以下实验，看看细菌是如何在水果上生长，并使水果发生变化的。

你需要：

- 苹果
- 刀（需大人帮忙使用）
- 三个密封的小容器
- 醋
- 盐水（一升水中加入四汤匙盐）
- 柠檬水

步骤：

1. 请大人帮忙把一个苹果切成三块。将切开的苹果块分别放入密封的容器中。
2. 在容器中分别加入以下液体：醋、盐水和柠檬水。确保液体完全浸没过每一块苹果。
3. 将容器放在阴凉的地方一周。
4. 观察苹果块是如何变化的。

拍摄照片以记录这些变化。

你观察到什么结果？

醋和盐会阻止细菌生长，但柠檬水能为细菌提供良好的培养基，导致苹果块腐烂。实验完成后，请安全处理液体和苹果块，并洗手。

灵感迸发

你是否想象过一台可以帮助我们做一些新事情的机器，它可以帮助我们过上更好的生活？如果想象过，那么你就做到了像发明家一样思考。发明家是发明并制作新设备的人。

发明家并不完全是科学家。

他们不会试图增加我们对这个世界的了解，但他们会用自己的科学知识来思考并创造前所未有的东西。

想一想电视和火车，照相机和汽车，吹风机和助听器，它们都是不可或缺的发明。一项发明需要解决生活中的一个问题，并且比我们已经拥有的东西更好。

发明家和科学家一样，好奇心强，思想开放，逻辑严密。他们往往富有想象力、创造力，以及坚定的毅力。不过，有时候他们可能还需要一点运气！

要成为一名发明家，你需要创造性地思考。选择一些常见的物品，如橡皮筋、胶带、小棍棒或曲别针，试着想一想你可以用它们做什么。

- 橡皮筋可以用于密封食品袋。

- 胶带可以去除衣服上的宠物毛发。

- 小棍棒可以用来把头发挽成发髻。

- 曲别针可以用作智能手机的支架。

你还能想出它们的其他用途吗？

放飞你的思维吧！如果你犯了错，不要担心。记住，很多发明的灵感都是偶然迸发的，包括茶包、橡皮泥、便利贴和微波炉。

加勒特·摩根：发明家

　　加勒特·摩根是美国的一名非裔发明家，1877 年，摩根出生于美国肯塔基州。年轻时，摩根发现自己在制造和修理机器方面有天赋。1912 年的一天，摩根目睹了一场火灾。他看到消防员因为火灾导致的浓烟而无法呼吸。这激发了他为消防员制造呼吸器的想法。他将这种呼吸器称为安全面罩。

　　起初，摩根的发明并没有受到人们的重视。他不得不四处推销他的发明。后来，他聘请了一个演员来帮忙。他们一个城市一个城市地旅行，拜访当地的消防部门。演员介绍自己是发明家，而摩根则假扮成他的助手，戴上安全面罩，走进烟雾弥漫的房间……计划成功了，安全面罩卖了出去，最终拯救了许多人的生命。

1916 年 7 月 24 日，俄亥俄州克利夫兰市伊利湖下方的一条隧道发生瓦斯爆炸，引发了熊熊大火。32 人被困在隧道内。火灾发生的夜晚，摩根被一阵电话铃声吵醒，电话另一头告诉他发生了火灾。当时他身穿睡衣，抓起四个安全面罩，匆匆赶往火灾现场。他的兄弟弗兰克也陪他一起冲了过去。

　　现场的救援人员根本不相信安全面罩会起作用。摩根和弗兰克戴上面罩，冲进隧道，顺利救出两名被困工人。安全面罩的确有效！其他人也加入他们的行列，又有几个人获救。摩根先后四次冲进隧道救人。后来，市政府因他的英勇行为授予他一枚奖章。

　　摩根从未停下过发明的脚步。他总是思考着如何改进设备或者提高效率。凭借科学的头脑，他以逻辑和开放思维解决了许多问题。除了安全面罩之外，摩根还发明了一种皮带扣和一种可以拉直头发的液体。1923 年，在目睹一起交通事故后，摩根发明了世界上首个新式交通信号灯。直到 20 世纪 50 年代，这种信号灯还在北美使用。

保持心理健康

就像我们照顾自己的身体并保持健康一样，我们也需要照顾好自己的心理。我们的心理机制十分复杂，人们会用不同的想法和情绪来回应过去的经历。研究人类心理的科学家被称为心理学家。

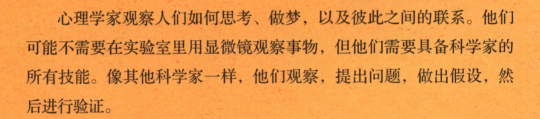

我的目的是帮助患有精神疾病的人，
并促进人们保持心理健康。

心理学家观察人们如何思考、做梦，以及彼此之间的联系。他们可能不需要在实验室里用显微镜观察事物，但他们需要具备科学家的所有技能。像其他科学家一样，他们观察，提出问题，做出假设，然后进行验证。

作为一名心理学家，你还需要掌握其他技能。因为你会和其他人打交道。保持友好的态度，善于交谈和倾听是十分有益的做法。最重要的是，你需要对别人的内心感受保持敏感。

你有没有觉得自己很失败?

你可以尝试下面这个练习，它可以增强你的自信，让你的自我感觉更好。

在"**我**"的标题下列出一张清单。

例如：我善良，我有创造力，我擅长足球。
尽可能多地列出你有优势的方面。

现在试着列一张"**反转**"清单。
先列出你觉得自己比较失败的事项。列好清单后，请把每一个消极的事项都变成积极的事项。例如，把"我有时对我妹妹很刻薄"变成"我会试着对我妹妹好一点"。

这将帮助你培养一种成长型思维模式。

超级科学家

你可能会认为科学家总是身穿白大褂，在实验室做各种各样的奇怪实验。当然，并不是所有的科学家都是这样，你可能想知道——

他们和我，还有我的生活有什么关系呢？

答案是**和一切都息息相关！**

科学家告诉我们关于材料和化学物质、热和光、电和磁的知识。这些知识帮助我们构建我们所依赖的技术，以实现生活中的创造和发明，如汽车、电话和冰箱。

我是病毒学家。我致力于开发疫苗来保护我们免受病毒的侵害，例如流感。

科学家让我们保持健康。他们对各种疾病进行研究，并研发出治疗这些疾病的药物。

科学家还致力于改善环境。他们发现了气候变化带来的威胁，并给我们带来通过更清洁的能源来改善环境的方法。

试试以下实验，看看你居住之处的空气污染程度如何。

步骤：

1. 在两张白色塑料片上涂上凡士林。

2. 用胶带把塑料片分别粘在两块砖上。

3. 将砖块放在室外不同的地方，比如一块靠近道路，另一块放在绿地上。确保它们所在之处均空气流通良好。

4. 24 小时后，检查两张塑料片上是否存在颗粒。

你得到什么结果？

在这两张塑料片中，哪一张收集的颗粒多？你能得出什么结论？

改变世界

作为一名科学家，你可以把世界变得更美好，取得有助于提高人们生活质量的发现。你只需要拥有好奇心和开放性思维。

永远不要害怕新生事物，要"跳出框框思考"。伟大的科学家从不随波逐流，而会尝试以一种截然不同的全新方式看待问题。

坚守科学阵地！

"全新"并不意味着忽视过去。一些最伟大的发现是建立在前人工作基础上的。

伟大的科学家艾萨克·牛顿曾经说过：

如果我看得更远，那是因为我站在巨人的肩膀上。

最优秀的科学家总是执着、坚定、锲而不舍。你可能会走弯路，因此你得足够灵活才能改变路线。记住，你所做的一切都不会白费功夫。即使实验失败，你也会从中学到东西。

也有许多伟大的发现充满了偶然。第一种抗生素的发现是因为科学家亚历山大·弗莱明在度假前忘了清洗实验室里的培养皿。

当他两周之后回来时，他惊喜地发现——

培养皿中长出了一团青绿色霉菌，杀死了葡萄球菌！

所以，你要时刻保持敏锐的观察力，注意那些看起来奇怪或令人惊讶的小事。你永远不知道它们会不会让你有新的发现。

现在，你已经读完这本书，你已经获得了像科学家一样思考所需要的所有知识。那么，为什么不试着提一些问题，然后验证你的理论呢？科学在等着你去发现……

词汇表

变量：实验中可能变化的事项。

冰心：从冰层中钻取的一管冰，多由堆积了几个世纪的雪组成，有助于揭示地球气候的变迁史。

沉积物：由水或风携带的微粒，逐渐沉积在陆地或海底，最终可能变成岩石。

放射：指由一点向四外射出，尤其是气体或粒子。

放射性：原子核自发地放射出各种射线的现象。

浮力：物体在流体中受到的流体给它的竖直向上的作用力。

黑洞：宇宙的一部分，引力巨大，没有任何物质（包括光）可以逃脱它的引力束缚。

化石燃料：由史前生物的遗骸形成的燃料，如煤炭、石油。

假设：试图回答科学问题的陈述，它是科学研究的起点。

抗生素：一种杀死细菌或阻止细菌生长的化学物质。

空气阻力：空气对运动物体的作用力，与物体的运动方向相反。

灭绝：完全灭亡，常用于描述一个消失的物种。

诺贝尔奖：根据瑞典化学家诺贝尔遗嘱设立的系列奖项。自 1901 年以来几乎每年颁发，现包括六个奖项，用于褒扬科学等领域取得的重要成就。

气压：我们上方的空气因重量产生的压强。

生物：动物、植物和其他生命形式的总称。

数据：人们为分析而收集的信息。

系统性：按照固定的计划或体系完成工作。

细菌：一类微生物，有的能引起疾病。

原子：构成物质的微粒。

1. 量一量你的房间，把测量的结果记录下来。（记得写上计量单位。）

你的房间面积是多少？_____

你的床长多少？宽多少？_____

你的书桌长多少？宽多少？高多少？_____

你的衣柜长多少？宽多少？高多少？_____

你的房间里有多少个玩具？最大的是哪个？量一量它的高度吧。_____

你的房间铺设的地板砖每块的面积是多少？一共有多少块？它们的面积相加是否等于你房间

的面积？_____

如果你想在房间里再增加一件家具，你希望它是什么？放在哪里？长、宽、高最大不超过多少？

_____

2. 你知道哪些动物会迁徙吗？请至少写出三种，并写上原因。（不限于冬天哟。）

_____

_____

_____

介绍一位你喜欢的科学家

姓　　名＿＿＿＿＿＿＿＿＿＿＿＿＿＿＿＿＿＿＿

出生年月＿＿＿＿＿＿＿＿　国籍＿＿＿＿＿＿＿

兴趣爱好＿＿＿＿＿＿＿＿＿＿＿＿＿＿＿＿＿＿＿

主要成就＿＿＿＿＿＿＿＿＿＿＿＿＿＿＿＿＿＿＿

＿＿＿＿＿＿＿＿＿＿＿＿＿＿＿＿＿＿＿

（可以是照片，也可以是肖像画）

关于他的一件事

＿＿＿＿＿＿＿＿＿＿＿＿＿＿＿＿＿＿＿＿＿＿＿＿＿＿＿＿

＿＿＿＿＿＿＿＿＿＿＿＿＿＿＿＿＿＿＿＿＿＿＿＿＿＿＿＿

＿＿＿＿＿＿＿＿＿＿＿＿＿＿＿＿＿＿＿＿＿＿＿＿＿＿＿＿

＿＿＿＿＿＿＿＿＿＿＿＿＿＿＿＿＿＿＿＿＿＿＿＿＿＿＿＿

＿＿＿＿＿＿＿＿＿＿＿＿＿＿＿＿＿＿＿＿＿＿＿＿＿＿＿＿

你最欣赏他的一点

（粘贴相关报道或与之相关的照片）

＿＿＿＿＿＿＿＿＿＿＿＿＿＿＿＿＿＿＿

＿＿＿＿＿＿＿＿＿＿＿＿＿＿＿＿＿＿＿

＿＿＿＿＿＿＿＿＿＿＿＿＿＿＿＿＿＿＿

＿＿＿＿＿＿＿＿＿＿＿＿＿＿＿＿＿＿＿

太喜欢思考了！

给孩子解决问题的金钥匙

像艺术家一样思考

THINK
LIKE AN
ARTIST

［英］亚历克斯·伍尔夫 著

［英］大卫·布罗德本特 绘

盛雪 译

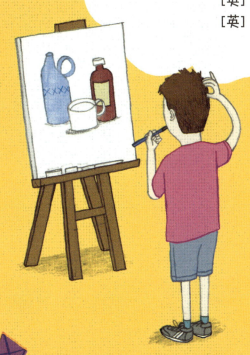

中信出版集团｜北京

图书在版编目（CIP）数据

像艺术家一样思考 / (英) 亚历克斯·伍尔夫著；
(英) 大卫·布罗德本特绘；盛雪译. -- 北京：中信出
版社, 2022.11
（太喜欢思考了！）
书名原文: Think Like an Artist
ISBN 978-7-5217-4666-2

Ⅰ.①像… Ⅱ.①亚… ②大… ③盛… Ⅲ.①思维方
法—少儿读物 Ⅳ.①B804-49

中国版本图书馆CIP数据核字（2022）第153264号

Train Your Brain: Think Like an Artist

First published in Great Britain in 2021 by Wayland

Copyright © Hodder and Stoughton Limited, 2021

Series Designer: David Broadbent

All Illustrations by: David Broadbent

Simplified Chinese translation copyright © 2022 by CITIC Press Corporation

ALL RIGHTS RESERVED

像艺术家一样思考

（太喜欢思考了！）

著　　者：[英] 亚历克斯·伍尔夫
绘　　者：[英] 大卫·布罗德本特
译　　者：盛雪
出版发行：中信出版集团股份有限公司
　　　　　（北京市朝阳区惠新东街甲4号富盛大厦2座　邮编　100029）
承　印　者：北京盛通印刷股份有限公司

开　　本：889mm×1194mm　1/16　　印　张：3　　字　数：60千字
版　　次：2022年11月第1版　　印　次：2022年11月第1次印刷
京权图字：01-2022-1954
书　　号：ISBN 978-7-5217-4666-2
定　　价：96.00元（全6册）

出　　品　中信儿童书店
图书策划　红拔风
策划编辑　郝兰
责任编辑　房阳
营销编辑　易晓倩　李鑫橦
装帧设计　颂煜文化
封面设计　谭潇

本书所述活动始终应在可信赖的成人陪伴下进行。可信赖的成人是指儿童生活中一位年龄超过18岁的人士，他可以让儿童感到安全、舒适并得到帮助，可以是父母、老师、朋友、护工等。

目录

艺术名人故事

练习加油站

艺术是什么？

艺术就是我们创造出来的，让人觉得愉悦或有趣的一切东西。它可以是色彩画、素描画、**拼贴画**或者**雕塑**。

艺术可以是我们对所见事物的视觉表达。

它还可以表达我们的感受、想象和梦境。

我们进行艺术创作的原因多种多样。比如：

- 为了美化我们的生活环境。
- 为了记录、庆贺种种活动和个人经历。
- 为了鼓舞和激励他人。
- 为了传递观念和想法。

我们无时无刻不在进行艺术创作，有时甚至自己都没有意识到这一点。不论是在便笺本上乱涂乱画的时候，随手拍摄自己喜欢的景色的时候，还是建沙堡、堆雪人的时候，我们其实都是在进行艺术创作。

艺术创作是一种自然的冲动，是人类与生俱来的能力。早在数万年前，人类就已经在进行艺术创作了。

艺术教会了我们很多重要的本领，比如观察、计划和解决问题。艺术还教我们认识颜色、形状和质地。此外，还教育我们要有耐心，保持韧性，不言放弃。

艺术绝不仅仅在于画出一幅好看的画，然后把它挂在家里的墙上。最终的成品也许很好看，但创作的过程才是真正有趣的部分。

在这本书里，我们将探寻如何培养创造性思维，学会像艺术家一样思考。

运用你的双眼

艺术家必须学会的第一项本领便是观察，因为我们需要通过外部世界，获得灵感和创意。想要像艺术家一样思考，就要密切关注身边的事物，并且保持开放的心态。

通常，我们看见某种东西时，只会想到……

这是香蕉。

这是骨头……
太好吃了！

作为艺术家，我们必须比平时更加仔细地观察事物。选择一件物品，想象这是你第一次见到这样的东西。然后把它分解成一系列特征。

以苹果的特征为例。

找些其他的东西，然后尝试以类似的方式描述它们的特征。

苹果	
颜色	红色
形状	球形
触感	光滑
硬度	较硬
光泽度	闪闪发光

要记住，你眼中的世界是独一无二的。每个人都在用自己的方式诠释这个世界。

你在看到一件物品时，问问自己，它让你想到了什么。你会在一片树叶、一朵云或一滴墨迹里看到别人看不到的内容。

在家附近转转，寻找一些可能会给你带来灵感的东西。或许是一根枝条、一块鹅卵石、一个松果，又或许是一片树叶、一片羽毛、一枚橡子。

带上包，把你找到的东西收集起来。

有些东西你可能没办法带回家，比如一只小动物或者一棵长相奇特的大树。那么就用相机把它们拍下来吧。或者，你还可以拿一张纸盖在树干上，用铅笔或粉笔摩擦拓印出树皮的纹理。

关键在于，你要睁开双眼，仔细看看围绕在你身边所有迷人而美好的事物。

发现美

不是所有人都那么幸运，窗外刚好有优美的景色可直接作画。作为艺术家，我们需要学习如何欣赏日常的物品和场景，并从中发现美。

我们可以在一些意想不到的地方发现美的身影，比如：

- 生锈的汽车
- 在开裂的路面上长出的野草
- 蜘蛛网
- 泥泞的小水坑
- 烂掉的苹果

通常，最有趣的往往不是物品本身，而是你从中看到了什么。

比如一段楼梯，看看台阶和扶手的线条和角度，再看看它们形成的影子。

任何一个在你看来有趣的东西都可以成为艺术创作的主题，不论它们在别人看来是多么稀松平常。

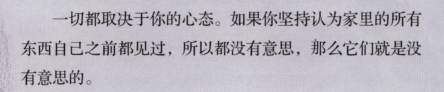

一切都取决于你的心态。如果你坚持认为家里的所有东西自己之前都见过，所以都没有意思，那么它们就是没有意思的。

但是，如果你试着保持开放的心态，可能就会用全新的眼光来看待日常的事物了。

想象一下，如果你是一个外星人，刚刚降落到这个星球上。所有的物品你都是第一次见。那么，它们在你眼中会是什么样子的呢？

你可能会发现罐子的曲线十分优美。红酒开瓶器的螺旋形状很有趣。国际象棋棋子的各个曲面和平面构成了一个美观的整体。

试着用外星人的眼光去观察身边的物品。你会惊讶地发现，原来可供你创作素描画或色彩画的美丽事物数不胜数。

荷兰艺术家：伦勃朗·范赖恩

　　1606 年 7 月 15 日，伦勃朗出生在荷兰西部城市莱顿。他的父亲是一个磨坊主，母亲是面包师的女儿，他是两人的第九个孩子。伦勃朗在儿时接受了良好的教育，并于 14 岁左右离开学校，开始接受艺术训练。他曾拜艺术家雅各布·斯瓦嫩堡为师，也曾受过彼得·拉斯特曼的教导。

　　伦勃朗迅速成长为一名技艺娴熟的画家，开始崭露头角。1625 年，年仅 19 岁的他便成立了自己的艺术工作室。1631 年，伦勃朗离开家乡，前往阿姆斯特丹，以绘制富人肖像为生。在照相机出现之前，肖像画家是很受欢迎的。于是，伦勃朗作为一名杰出的肖像画家为人熟知。此外，他还为自己和家人绘制了数十幅画像。

　　伦勃朗是最早一批捕捉人物性格和情绪的肖像画家。与那个年代的许多肖像画家不同，伦勃朗不会用画笔去讨好他的客户，而是描绘出本人真实的样子，这在当时是一种不同凡响的做法。而且，他尤其擅长运用光影来传达氛围。

尽管在事业上取得了成功，但伦勃朗的人生却充满了悲剧。1634 年，他与萨斯基亚·范厄伊伦堡结为夫妇。然而，他们的前三个孩子都在出生不久后便夭折了。只有 1641 年出生的第四个孩子蒂图斯长大成人。1642 年，萨斯基亚去世，死因可能是肺结核。在她患病期间，伦勃朗为其创作的画像是他最动人的作品中的一部分。

　　伦勃朗也画过一些风景画，还曾以《圣经》故事为主题进行创作。《夜巡》是他最著名的作品之一。这幅画作尺寸巨大（363 厘米 × 437 厘米），其中最引人注目的是明暗的运用和构图的安排。伦勃朗没有将画中的士兵排成队列，而是给每个人都设计了不同的动作，使整个场景看起来动态十足，栩栩如生。

　　伦勃朗于 1669 年 10 月 4 日离世。他一生创作了近 600 幅油画，以及许多素描画和蚀刻画。伦勃朗对其他艺术家产生了巨大的影响，即便在今天，他依然被看作历史上最伟大的艺术家之一。

连接与组合

艺术家常常将不同的东西连接、组合起来，从而营造出有趣或戏剧般的效果。拼贴画就是他们所采用的方式之一：搭建各个层次，然后将各种材料粘贴到一个平面上。

拼贴画可以是某物的图像，也可以只是一个图案。

一幅吸引人的拼贴画需要包含多种多样的材料、颜色、图案和质地，才能创造出整体的效果。仔细思考一下，你就会发现大自然一直以来就是这样做的。一棵树既包括坚硬的、粗糙的、凹凸不平的褐色树皮，也包括柔软的、光滑的、闪闪发亮的绿色树叶。

非常规的组合方式叫作并置。例如，我们可以将截然不同的形状、质地或颜色搭配到一起，从而形成并置。

并置的另一种表现方式，是使作品主题与你所使用的材料形成对比。举例来说，如果你用钢制的螺丝和螺母组成一只蝴蝶的形状，那么观赏者可能会对此感到惊奇，因为蝴蝶是柔软且脆弱的，而螺丝、螺母则恰恰相反。瑞士艺术家梅雷·奥本海姆曾用动物毛皮制作了一件以茶杯为主题的作品，她就是采用了并置的办法。

试着用纸片和布头制作一幅拼贴画吧。

在选择材料的时候，一定不要着急。你需要寻找能形成对比的材料——暖色和冷色、直边和曲边、粗糙质地和光滑质地、黯淡无光的表面和光泽闪耀的表面。大自然中的物品，比如干燥的树叶、松针、枝条和种子，都能给拼贴画作品增光添彩。

在纸上多尝试几种不同的组合方式，想好之后，再用胶水进行固定。

你可以用拼贴画创造一个简单的图案，也可以试着重现你最喜欢的一处地方、一场特别的活动或是一段回忆。你甚至还可以用拼贴画的方式组自己的名字。

旧材料的再利用

作为一名艺术家，如果你能在材料的使用方面发挥创新精神，你就能更好地进行艺术创作。即便是最没有用处的物品，也有可能成为你艺术创作的材料。有些东西唯一的去处似乎只有废物填埋场，但是借助一丝想象力，它们就能得到富有创造性的利用。

想一想，有多少东西被人们扔掉了，比如：

- 没油的笔
- 旧扣子
- 麦片盒子
- 广口瓶盖
- 纸箱
- 破碎的晾衣夹子
- 罐头盒
- 纸质鸡蛋托
- 软木塞
- 杂志
- 塑料瓶

要想像艺术家一样思考，你需要用一种全新的眼光看待这类物品。在艺术家眼中，它们不再只有一种功能，而是具备各种特征的物品，并且可以在艺术作品中焕发出新的生命力。

这种利用旧物创作艺术作品的类型叫作**升级再造艺术**。观赏者不仅会惊叹于艺术品本身，还会惊叹于你在利用这些旧材料时注入的想象力。而且，重新利用旧材料，也是为拯救地球出了一份力呢！

记住：一定要确保你重新利用的旧材料是干净安全的，没有锋利的边缘。

罐头盒风铃，

这个升级再造艺术项目你可以动手试一试哟。

你需要：

- 几个清理干净的罐头盒
- 颜料和画笔
- 绳子
- 锤子和钉子
- 金属垫圈或螺母
- 胶带

步骤：

1. 将罐头盒浸泡在温水中，撕掉所有标签。

2. 把罐头盒晾干，并用胶带将罐头盒锋利的边缘包住。这一步请大人帮忙。

3. 在罐头盒表面涂上各种各样的颜色。

4. 请大人帮忙在每个罐头盒的底部用锤子和钉子凿一个孔。

5. 将一根绳子穿过这个孔，在绳子位于罐头盒内的一端，系上两个金属垫圈或螺母。其中一个用来固定罐头盒，以免其顺着绳子滑下去；另一个系在绳子的末端，随着罐头盒的摆动，垫圈或螺母会碰到罐头盒的内壁，发出叮叮当当的声响。

6. 把这些罐头盒系在一起，挂在室外通风良好的地方，要确保它们互相之间能碰得到。

每当有风吹过，你的罐头盒风铃便会相互撞击，叮叮当当地发出可爱的声音。

向伟大的艺术家学习

作为艺术家，我们都想拥有独创性，不过，还应当时刻提醒自己，我们可以从过去伟大的艺术家身上学到很多东西，用他们的故事激励自己。从这些艺术家身上，我们不仅可以学到专业的技巧，还能学到他们面对人生的态度和方式。

哇！

哈丽雅特·鲍尔斯（1837—1910）是一名奴隶出身的非裔美国人，后来成为缝制**被子**的工匠，手艺十分高超。她能将民间故事等变成绣在被子上的精美图案。从她的故事中我们可以看到，即使面对重重阻碍，比如贫穷和受教育程度有限，也有可能创造出伟大的艺术。

保罗·塞尚（1839—1906）是一位伟大的法国艺术家，但他长年寂寂无名，直到晚年才取得巨大成功。他教给我们坚持的重要性。

蒂娜·布劳（1845—1916）来自奥地利，她是一位才华横溢的风景画家，致力于探索描绘光线和空气的新方法。受到当时社会风气的影响，很多人不愿意严肃地看待布劳的作品，并且认为她一定得到了某位男性的协助。她的经历告诉我们，艺术家往往需要抵抗他人的偏见，以及如何才能做到这一点。

苏珊·瓦拉东（1865—1938）是一位来自法国的艺术家，她的故事告诉我们，有时无视艺术的规矩反而有利于创作。她曾给其他艺术家当过模特，后来自己也成了著名的艺术家，尤其擅长描绘女性形象。她没有接受过正规的美术训练，因此在创作中不会循规蹈矩。瓦拉东的作品情感丰沛、充满力量，但却遭到许多男性艺术评论家的嘲讽。尽管如此，她还是在自己的艺术生涯中举办过四场大型画展。

巴勃罗·毕加索（1881—1973）年少成名，对他来说，一辈子都延续同种风格、创作同一类型的作品，当然是最简单、最轻松不过的。但是，他没有选择这样一条道路，而是每隔几年，便尝试一种新的风格。作为一名艺术家，他总共经历了七个重要阶段。毕加索的故事告诉我们，我们永远不该停止对艺术的实验。

　　下次去美术馆的时候，你可以在里面找一位你最崇拜的艺术家，然后试着模仿他的风格，创作一件艺术作品。

墨西哥艺术家：弗里达·卡罗

1907 年 7 月 6 日，弗里达·卡罗出生在墨西哥首都墨西哥城的科约阿坎区，她是北美洲最伟大的画家之一。6 岁时，她患上了小儿麻痹。疾病使她的右腿受损，导致她一生只能跛行。尽管如此，童年时期的弗里达依然活泼好动，踢足球、游泳、摔跤，样样不落。此外，她也很喜欢画画。

1922 年，弗里达被墨西哥城赫赫有名的国家预备学校录取。当时，她立志成为一名医生。然而，就在 18 岁时，她却遭遇了一场可怕的事故。她乘坐的公共汽车与一辆电车相撞，这导致弗里达的脊柱和骨盆严重骨折。在之后的人生中，她再也无法摆脱身体上的阵阵剧痛。

养病期间，弗里达重新拾起了童年的爱好——画画。她的母亲为她特制了一个画架，方便她躺在床上画画。渐渐地，弗里达意识到了自己对艺术的热情，并因此决定终生投身于此。弗里达在她的职业生涯当中绘制了许多自画像——在其 143 幅作品中，有 55 幅是自画像。弗里达通过这些自画像来表达自己的情绪状态。

与所有伟大的艺术家一样，弗里达在她周遭的世界里获得了灵感，具体来讲，就是墨西哥的文化和生活，以及其他艺术家的作品。由于深受墨西哥传统艺术的影响，弗里达的画作色彩鲜艳明亮，充满了图案和象征性符号。在自画像中，弗里达常常穿着传统的墨西哥服饰，梳着传统的墨西哥发型，此外，她还会将猴子、鹦鹉、狗和鹿也一起画进去。

1929 年，弗里达嫁给了一位有名的墨西哥画家：迭戈·里韦拉。他们的感情进展得并不顺利，曾经多次分手，但最终还是选择与对方复合。与此同时，弗里达的名气越来越大，20 世纪 30 年代，她已经开始在纽约和巴黎这些城市举办展览了。她的艺术风格融合了现实主义（忠实地描绘世界）与象征主义（描绘观念和想法）。

到 1950 年，弗里达的健康状况不断恶化。她不得不接受多次手术，并且必须长期卧床。即便如此，弗里达依旧坚持作画。1954 年 7 月 13 日，弗里达因肺栓塞去世。当时，她只有 47 岁。弗里达的名气在去世后得到进一步提升。她的艺术和感人的一生让很多人受到启发。

认真地制订计划

一旦确定了自己作品的主题，你就要开始更加实际地思考，接下来该如何创造这件艺术品了。

首先，你应该计划如何**构图**。如果你打算用色彩或素描的方式绘制静物，那么你就需要寻找各种各样的形状、颜色和质地。想一想，怎样摆放不同的物品，才能得到最令人满意的效果。

你需要考虑到负空间——也就是物品周围和物品之间的空间。如果负空间太小，观赏者可能会觉得压迫感太强；而如果负空间太大，这件作品可能就会让人感到索然无味。

思考一下，你打算把这件艺术品的焦点放在哪里——焦点应该是整个作品中最有趣、最引人注目的位置。不过，纸张的正中心并不是最佳位置，更好的做法是将**焦点**置于左右或上下距离的大约三分之一处。

你要记住的另一条法则是，奇数比偶数有趣。因此，如果你打算画一群人，那么最好画三个或五个人，而不是四个或六个人。

为你的艺术作品选择合适的工具和材料。如果是素描画，那么你最好能准备软硬程度不同的铅笔。如果是色彩画，那么你可能需要两到三种型号的画笔，以便调整笔画的粗细。检查一下，你是否拥有所有你需要的颜色。

准备工作完成之后，不论你有多想马上开始，也不要立即创作你的艺术品。首先要做的是试着进行一些练习。在废纸上尝试不同的颜色。如果是拼贴画，就先把各个部分摆在一起，确定它们的形态后，再用胶水进行固定。

计划制订得越认真，你的艺术品完成得就会越好。

经常练习

作为艺术家，要想有所成就，就必须经常练习。练习就是一遍又一遍地重复同样的动作，直到自己完成得越来越好，越来越熟练。经常练习会使你的手部动作更加精准，使你的手眼更加协调。

> 我每天都在尝试，每天都在练习。

随身携带一个小速写本，这样你就能随时随地练习啦。比如，在乘坐公交车的时候，你就可以试着画一画窗外的景色；在看电视的时候，你也可以将有趣的画面暂停，然后用速写的方式将它描绘下来。

练习时，应该先训练核心技能：线条、圆圈、明暗处理，然后再转向自己的难点。

> 如果你觉得画面部很难，可以先把它拆分成鼻子、嘴巴、耳朵和眼睛，分别练习各个部分。为了提升练习的兴致，你可以每天更换一个新的主题或物品。

　　练习艺术创作有一个很好玩的方法，那就是乱涂乱画。

　　不论你想到了什么，都试着把它随意地画出来。这对于培养协调性很有好处，而且能帮助你在头脑中处理自己的思考和想法。从你笔下诞生的图画往往会令你自己都感到惊奇，甚至有可能成为你创作新的艺术品的灵感来源。

　　如果你需要某种方法来激发自己的想象力，不如试试这个：在纸上随机点上许多小点，然后用曲线或直线将其中的一些点连接起来，形成一个图案或一件物品。

实验

你可能会固执地坚守你对艺术已知的部分。这或许是因为，如果你尝试新的东西有可能遭遇失败，你的天赋也有可能因此受到质疑。这是固定型思维模式。作为一名艺术家，你应该勇于尝试新事物，走出自己的舒适圈。

艺术创作是一个不断尝试、不断犯错，并从中找出哪些方法适用，哪些不适用的过程。你需要通过实验来获得进步。

拿出一本剪贴簿，你可以在上面实验不同的媒介、颜色、形状、质地和背景。通过这种方式，你很有可能找到自己特别喜爱的创作手段。

一定要保持记录实验的习惯，这样一来，如果你碰巧找到了合适的方法，你就能记得自己是怎么做到的，然后重复利用这种技巧。

该怎样开始实验呢？不如尝试用木炭来创作一幅画吧。与铅笔相比，用木炭作画可能会有点脏，也没那么容易，但是木炭画更具美感，效果也更加丰富，非常适合体现**明暗对比**。绘制木炭画有以下几个小窍门。

- 按压时不要太用力。除了画面中最暗的部分，手指接触纸面时用的力要比使用铅笔时轻一些。

- 用手指或棉签将木炭涂抹开来，形成渐变的色调。

- 利用橡皮并配合使用粉笔来制造高光。

- 用发胶喷雾将木炭固定在纸上。这项工作就请大人来帮忙吧。

犯错

你对艺术创作的每一次尝试并不都能获得成功。不过没关系，这并不意味着你就是一个失败的艺术家。如果你已经准备好从失败当中吸取经验教训，那么失败和成功对你来说一样重要。

虽然你可能并不想把自己失败的作品挂起来给人看，但在你成为优秀艺术家的过程中，这是必不可少的环节。

即使你不喜欢自己绘制的某些素描画或色彩画，也并不意味着你就不善于从事艺术。记下自己的创作过程，试着搞清楚哪里出现了问题，然后在下次创作的时候，获得的这些新知识就能成为你解决问题的跳板。

切忌设定不现实的期望，或是以为自己第一次尝试，就能创造出惊人的作品。这样想只会让你感到挫败，陷入失望。相反，你应该设定一些现实的目标。

不要将自己与伟大的艺术家相比，就算是与你们班上最有天赋的小艺术家进行比较也不应该。再厉害的艺术家，曾经也都是只会乱涂乱画的小孩子。与其和他们比较，不如专注于你自己的作品。

留好之前的作品，并且标注好日期，这样做方便你意识到自己的进步。你可能会惊喜地发现，随着时间的推移，自己竟然进步了这么多。

我比以前画得好多啦！

评价你的作品

　　没有人比你更加清楚你想让自己的艺术作品达到怎样的效果。如果你画了一只猫，但别人都以为你画的是一条狗，那么只有你了解这幅画的真相！所以说，你是**评价**自己作品的理想人选。

这狗画得真好！

这是猫！

　　可以在创作的过程中反复评价自己的作品。比如每隔几分钟就后退两步，试着以全新的眼光看待自己尚未完成的作品。对照实际物品检查自己的画。**比例**画得对吗？明暗处理得怎么样？如果是色彩画，那颜色处理得恰当吗？

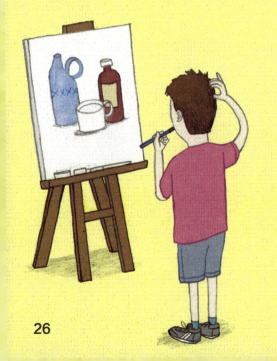

　　完成之后，再次评价自己的作品。牢记评价的第一原则：拒绝负面批评。你需要思考下列问题：

1. 哪里画得比较好？
2. 什么地方还可以改进？
3. 与之前的作品相比，哪些方面进步了，哪些方面退步了，有没有什么问题是自己在所有的作品里都能解决的？

你可以试着设计一张检查清单，并利用它对自己将来的作品进行评价。为自己设计检查清单时，要好好想一想，你希望自己的艺术作品在哪些方面得到改进。如果对你来说存在什么难点，也要把它们列在清单上。

检查清单范例	
• 我有没有为作品选择适当的颜色， 还是只选择了自己喜欢的颜色？	6
• **比例**画得对吗？	8
• **透视**关系画得对吗？	7
• 明暗的**色调**范围处理得恰当吗？	5
• 我画的是自己真实看到的东西吗？ 还是我自以为应该出现的东西？	7

借助这份检查清单，评价你创作的每一件艺术作品。设定满分为 10 分，然后逐项给自己打分。隔一段时间再看，你就能通过分数判断自己有没有进步。

中国艺术家：吴冠中

1919 年，吴冠中出生在中国的江苏省。1936 年，进入杭州艺术专科学校。吴冠中在这里既学习了中国画，也学习了西方画，还得到了数位中国顶级艺术家的教导，其中就包括林风眠，正是他激起了吴冠中前往法国巴黎继续深造的雄心壮志。

吴冠中在 1947 年抵达巴黎，并且在当地一所极负盛名的美术学院学习了三年的时间。塞尚、高更和凡·高的作品深深地吸引了他。

吴冠中于 1950 年返回中国，在北京教授学生美术。

20 世纪 70 年代起，吴冠中兼事中国画创作，并逐渐成了中国最负盛名的艺术家之一。2010 年 6 月 25 日，吴冠中在北京逝世。

吴冠中曾用"蛇吞象"来形容自己的创作——蛇代表他内心作为中国艺术家的自己，而象代表西方艺术对他的影响。

他在西方画家的身上学到了色彩和**构图**，然后将其与中国**水墨画**中笔触的轻巧和**色调**的变化相结合。吴冠中认为，他作为艺术家的任务是认识图像中的美，并将这种美在他的画作中表现出来。

　　植物、动物和人都是他描绘的对象，但他最出名的是风景画。吴冠中早期的作品为自然主义风格（即描摹现实生活），但随着年龄的增长，**抽象**程度逐渐加深。有人曾将他描述为"一位重视真情实感而不是具象现实的艺术家"。

　　吴冠中是值得全世界艺术家学习的榜样。

寻求
帮助

每个人都有陷入困境的时候。你也许认为，寻求帮助是失败或愚蠢的标志，或者会遭到他人的嘲笑。不但如此，你也许还觉得自己提出的问题给对方造成了负担。

我需要帮助！

但真相是，关心你的人是非常乐意帮助你的。**你只需要提出请求。**

觉得自己不够好，或是担心他人对你有看法，都属于固定型思维模式。而如果拥有成长型思维模式，你就会明白，通过自己的努力和他人的帮助，你一定能够克服自身的问题，成为更加优秀的艺术家。

想要获得成功，你需要主动提出问题，并欢迎大家给予反馈。所以，不要再回避批评了，要积极寻求别人的意见。给老师和同学们看看你的作品，并真诚地请他们提出意见吧。

寻求帮助的同时，自然会开启一段对话，这样一来，你就不会觉得自己是在孤零零地解决问题了。你或许还会发现，同样的问题也在困扰着其他人。

有时候，你可能无法明确地意识到某件作品的问题出在哪儿，但就是觉得它哪里不对。不要让这种感觉成为你寻求帮助的阻碍。去问一问更有经验的艺术家，他们或许能发现你错在哪里。

有些学生学得就是比别人快——这是难免的。但你不必因此而羡慕他们，为什么不将他们作为提问的对象呢？这样一来，你不但能获得他们已经掌握的知识，还能了解到他们是如何学会的。

说不定有一天，别人也会来向你寻求帮助呢！

与他人合作

当你想到某位艺术家的时候，浮现在脑海里的画面可能是他正独自一人进行创作，但实际上，艺术家也会与他人合作，创作出规模更大的艺术作品或**混合媒介**艺术作品。

艺术家们为什么要合作呢？有时候是因为某些艺术项目（比如大型壁画）任务量很大，仅凭一个人是无法完成的。有时候是因为想要完成某些艺术项目，不仅需要一种技能，比如，由彩绘折纸飞鸟组成的悬挂装置艺术品、覆有彩绘的雕塑作品（即彩塑），以及用绘画和照片制作的拼贴画，等等。

与他人合作很有趣的，但是与独自创作相比，还是很不一样。

你需要准备好：

- 倾听他人的想法。
- 与他人沟通。
- 处理不同观点之间的分歧。
- 在个人期待方面做出一定的让步，这样才能完成集体的共同目标。

要记得称赞和鼓励团队的其他成员，认可他们的工作，在谈论项目时保持积极的态度，提升整个团队的士气。

开展集体艺术项目，首先需要精心地制订计划。为了确保项目能够顺利进行，可以遵循以下步骤。

1. 商定团队的最终目标：你们希望这件艺术作品的最终成果是什么样子的？

2. 商定团队的工作流程：你们希望选出一名队长吗？还是大家作为一个集体共同做出决定？

3. 确保团队里的每一名成员都了解自己在流程中发挥的作用，并且对各自的分工表示满意。

试着叫上自己的朋友或者同学，一起开展头脑风暴，想想你们这个团队可以做点什么。任何艺术项目都可以，只要它是一个比较大的项目，并且可以划分成几个不同的任务就行了。举例来说，你们可以用瓶盖制作一幅马赛克，也可以用一次性彩绘纸盘作为鱼鳞来制作一条鱼。

头脑风暴的规则：

*   避免发表负面评论。
*   拓展他人的想法。
*   鼓励大家提出天马行空的想法。
*   保持专注。
*   同一时间仅允许一人发言。

给予与收到反馈

不论是多么成熟的艺术家，都可以从别人身上学到东西。随着你经验的不断增加，你也可以开始试着提出自己的建议和反馈了。朋友和同学能在你的作品中看到你自己看不出来的东西，反过来也是一样的。

这幅画画得真好，因为……

我们在艺术创作的过程中都曾遇到类似的挑战，有些人找到了实用的解决办法，而且值得他人借鉴。但有些时候，就算只能做到给予和收到鼓励也是很棒的。

在发表反馈意见的时候，首先应该指出在你眼中这件艺术品的成功之处。这样一来，你便能以积极正面的态度开启这段对话。

反馈要具体。不能只说"这里看起来不错"，要说清楚你为什么喜欢这件作品。

避免发表负面的批评意见。你可以说："这幅画真漂亮，但是看上去似乎前景还没有完成。你打算在这里添点什么呢？"这种表达方式能鼓励艺术家去分析自己的作品，并且不会使他们产生消极的感受。

在收到反馈时，我们要认真仔细地听取别人的意见，并且向他们表示感谢。有时候，我们还可以对这些话进行归纳总结，然后向他人求证自己总结得对不对，这种做法能帮助我们搞清楚，自己是否正确理解了他人的反馈。

如果有没搞清楚的地方，就继续发问。然而，并不是别人说的每一句话对你都有帮助。你应该采纳自己认同的观点，但不需要强迫自己接受所有意见。说到底，这是你的作品，应当由你自己来做决定。

你所说的……具体是什么意思呢？

试着和朋友一起就你们最新的艺术作品给予和收到反馈吧。

美国艺术家：乔治亚·欧姬芙

乔治亚·欧姬芙是 20 世纪一位重要的艺术家。她于 1887 年生于美国的威斯康星州，从小在农场里长大。12 岁的时候，她便知道自己的理想是成为一名艺术家。1905 年，欧姬芙高中毕业，升入芝加哥艺术学院，学习传统的绘画技巧。

1912 年，艺术家兼设计师阿瑟·韦斯利·道的激进观念使欧姬芙受到启发。他强调**构图**的重要性，也就是如何安排形状和颜色。所有艺术家都要经历一个重要的发展阶段，通过不断的实验，找到自己的风格。欧姬芙最开始实验的是**抽象艺术**——这是一种通过形状、颜色和符号表达情感的艺术手法。经过实验，欧姬芙发展出了一种独特的风格，将抽象与现实相结合——也就是说，她可以借助一幅描绘群山的作品，传达出个人的情感和观点。

艺术商阿尔弗雷德·施蒂格利茨注意到了欧姬芙的画作，并于 1916 年为她举办了画展。20 世纪 20 年代，欧姬芙名气渐盛。

自 1929 年起，欧姬芙开始频繁造访美国新墨西哥州的北部地区。她爱上了那里的沙漠和起伏的山峦，并且最终把家搬到了那里。汽车成了她的移动工作室，她开着车四处游览，在星空下露营，用素描画和色彩画描绘当地的风景。沙漠中的遗骨尤其令她着迷。"对我来说，它们的美感不亚于我所知的任何其他事物。"欧姬芙这样说道。

20 世纪 50 年代，欧姬芙开始周游世界，在秘鲁和日本绘制了许多风景画。1960 年，73 岁的欧姬芙着手绘制一系列俯瞰云朵和天空的画作。在她生命的最后几年，尽管视力恶化，她仍然在助手的帮助下坚持创作。1986 年 3 月 6 日，欧姬芙离世，终年 99 岁。

欧姬芙是抽象艺术领域的一位先锋，以其描绘花朵、沙漠风景和头骨的杰出画作最为知名。当时，整个艺术界都由男性主导，但不论是在批评家还是普罗大众看来，欧姬芙都是最早获得国际赞誉的女性艺术家之一。

为自己设定目标

艺术家的生活看上去似乎非常轻松，而且光鲜亮丽，但事实并非如此。要想成为一名成功的艺术家，你需要努力工作，并且知道如何集中精力。你需要具备生产力，能够在截止日期之前完成任务，因此这些习惯值得尽早养成。

好好想一想自己的生产力怎么样。你在画画的时候，究竟有多少时间是真正花费在画画上面的？

如果你只能赶在截止日期之前勉强完成任务，那你可能永远也无法创作出最棒的作品。最好给自己安排一个合适的节奏，而跟上这个节奏的办法就是明确你希望达到的成就，然后为自己设定务实的日常目标。

外界的打扰会破坏你的进度，导致你出错，降低你的效率。你应该试着找一个安静的、不会被打扰的地方工作，而且要关掉你的手机和电视。

如果需要为完成一件艺术作品设定期限，请一定记得安排好休息的时间。你需要有规律地在工作间隙补充食物、进行锻炼，以便保持充沛的精力和高度的专注力。如果你一口气工作太久，那你的工作质量难免会受到影响。

为自己设定目标和期限也有助于你更有效率地开展工作。有时你可能会觉得自己当时的工作状态很好，但其实你已经在一个很小的细节上耗费了好几个小时。

如果你感到厌倦，换个工作环境或许会有所帮助。你可以试着换到另外一个房间里去，或者是在天气不错的时候，干脆挪到户外。

在练习时，你可以试试看能不能在 60 分钟内完成一件作品。画不完也没关系，尽你所能就好。尝试在一定期限内进行创作的次数越多，你能够满足期限要求的能力就越强！

挑战自己

想要待在自己的舒适圈里不出来是人之常情。如果你喜欢画花，那么你很有可能把所有的时间都用来画花，然后你就会变得非常擅长……

但是，如果你想要成长为一名艺术家，达到不论你想画什么都能画出来的水平，那么你就需要挑战自己。也就是说，你需要尝试一些你知道会遇到困难并且有可能失败的项目。

如果你不喜欢这个想法，那你还记不记得，你曾经挑战过自己，还获得了成功，而且是很多次。如果你没有成功过，那你现在还只会拿着彩色蜡笔画火柴人呢。

所以，为什么不尝试一些新的东西呢？可以是一类新的主题，甚至可以是一种新的媒介。或许在你的脑袋里面有一个声音告诉你，你还没有准备好，但请不要相信它。如果你不去尝试，就永远没有准备好的时候！

　　你可能会发现，一旦开始尝试，事情就没有看上去那么难，而且你最后获得的成就，比你想象的要多。这将帮你提升自信，积累经验，增强技能。

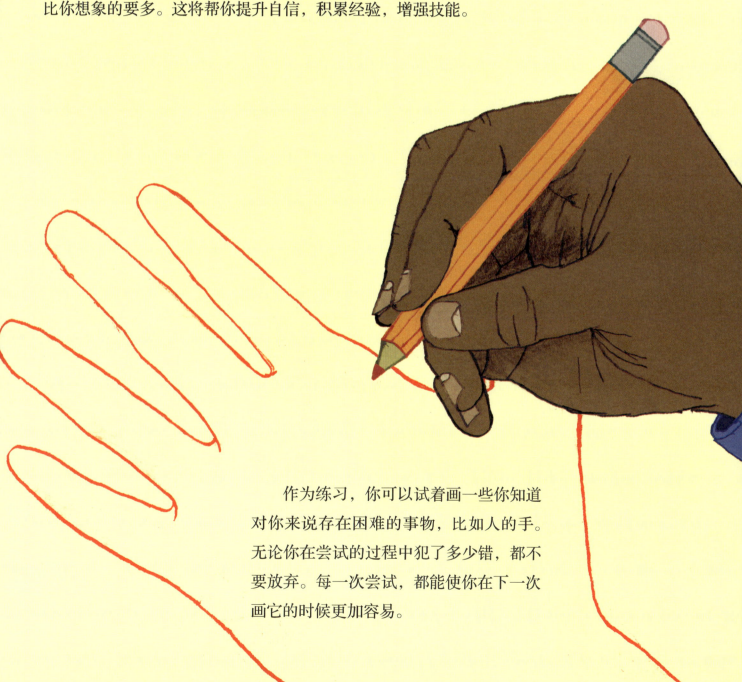

　　作为练习，你可以试着画一些你知道对你来说存在困难的事物，比如人的手。无论你在尝试的过程中犯了多少错，都不要放弃。每一次尝试，都能使你在下一次画它的时候更加容易。

不要期待完美

你会在脑海中设想自己的艺术品应该要长什么样子。它看起来应该是完美的。于是，你希望最终创造出来的成品就是自己设想的样子，但结果从来不是这样的，而你会因此感到失望。

把目标定得高一点总是好的，但是如果你没能达到这个目标，也不要觉得难过。没有任何艺术是完美的，因为我们本身就不完美，我们使用的工具和材料也是不完美的。

如果你发觉自己急于创造出完美的东西，那有可能是因为你害怕自己达不到别人的期望，或是因为你在将自己与其他艺术家进行比较。

期待完美的坏处在于这种心态会阻碍你进步。你可能永远没办法动手开始创作，因为你没有完全适合的材料，或是觉得自己还没有做好足够的准备。

如果你希望尽善尽美，那你可能会在同一件作品上一直耗费时间，因为它永远也达不到你想象中所期待的样子。然而，如果你在同一件事情上花费的时间太多，那最后可能是毁了它。

我还没画完……

如果你觉得自己已经陷在这种思维模式里了，可以试着减轻自己的压力。应该提醒自己，你是为了享受乐趣、实验和学习才进行艺术创作的，没有人期待你能创造出一幅杰作。

要记住，你的下一件作品只是你艺术家生涯中的一部分。

现在，你已经读完这本书啦，而关于如何像艺术家一样思考，你也已经获得了你需要的所有知识。所以，不要再拖下去了。艺术世界正等待着你的到来！

词汇表

比例：同一幅图片中某一部分与另一部分在尺寸大小方面的关系。

壁画：墙壁上的绘画作品。

抽象艺术：并不试图表现现实，而是试图通过利用形状、颜色和质地来达到其效果的艺术。

对比：能够增强艺术作品效果的颜色、色调或形状方面的差异。

高光：色彩画或素描画中的明亮区域。

构图：图片中不同组成部分的排列方式。

混合媒介艺术作品：使用一种以上媒介的艺术作品。

渐变：逐渐改变颜色或色调。

马赛克：通过将小块的石头、玻璃或其他材料排列在一起而形成的图画或图案。

媒介：艺术家所使用的材料，比如画家用的颜料或雕塑家用的石料。

拼贴画：通过将不同材料（比如照片、织物或彩纸）的碎片粘贴在背衬上而制成的艺术品。

评价：对某物质量的评估，从而判断它是否需要改变或改进。

蚀刻画：用针在由蜡覆盖的金属表面上划刻图案，然后用酸腐蚀暴露出来的金属部分，从而制成的版画。

水墨画：一种绘画风格，用毛笔蘸取黑色的墨汁作画。水墨画大师可以通过改变墨的浓淡和笔触力量的大小，来实现显著的色调变化。

透视：在平面上表现三维物体的艺术。

折纸：将纸折叠成各种形状和样式的艺术形式。

质地：某种表面或物质的触感或外观。

主题：艺术作品重点描绘的人或物。

1. 用曲线或直线将其中一些点连接起来，看看会形成什么图案。

2. 试着自己设计一件衣服吧，你可以在上面画些图案、添加布艺品，等等。

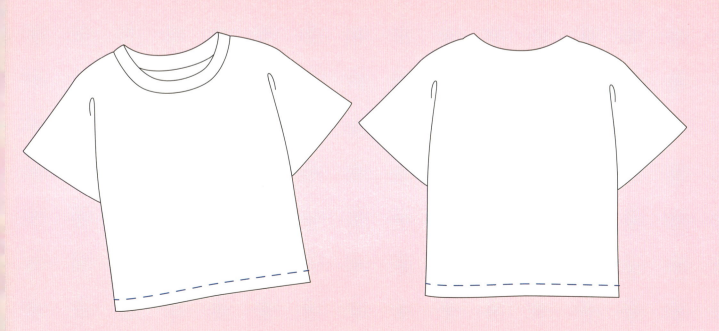

介绍一位你喜欢的艺术家

姓　　名＿＿＿＿＿＿＿＿＿＿＿＿＿＿＿＿

出生年月＿＿＿＿＿＿＿ 国籍 ＿＿＿＿＿＿

兴趣爱好＿＿＿＿＿＿＿＿＿＿＿＿＿＿＿＿

主要成就＿＿＿＿＿＿＿＿＿＿＿＿＿＿＿＿

　　　　＿＿＿＿＿＿＿＿＿＿＿＿＿＿＿＿

　　　　＿＿＿＿＿＿＿＿＿＿＿＿＿＿＿＿

（可以是照片，也可以是肖像画）

关于他的一件事

＿＿＿＿＿＿＿＿＿＿＿＿＿＿＿＿＿＿＿＿＿＿＿＿＿＿＿

＿＿＿＿＿＿＿＿＿＿＿＿＿＿＿＿＿＿＿＿＿＿＿＿＿＿＿

＿＿＿＿＿＿＿＿＿＿＿＿＿＿＿＿＿＿＿＿＿＿＿＿＿＿＿

＿＿＿＿＿＿＿＿＿＿＿＿＿＿＿＿＿＿＿＿＿＿＿＿＿＿＿

＿＿＿＿＿＿＿＿＿＿＿＿＿＿＿＿＿＿＿＿＿＿＿＿＿＿＿

你最欣赏他的一点

（粘贴相关报道或与之相关的照片）

＿＿＿＿＿＿＿＿＿＿＿＿＿＿＿＿＿＿＿

＿＿＿＿＿＿＿＿＿＿＿＿＿＿＿＿＿＿＿

＿＿＿＿＿＿＿＿＿＿＿＿＿＿＿＿＿＿＿

＿＿＿＿＿＿＿＿＿＿＿＿＿＿＿＿＿＿＿

太喜欢思考了！
给孩子解决问题的金钥匙

像数学家
一样思考

THINK
LIKE A
MATHEMATICIAN

[英] 亚历克斯·伍尔夫 著
[英] 大卫·布罗德本特 绘
李玮 译

中信出版集团|北京

图书在版编目(CIP)数据

像数学家一样思考 / (英) 亚历克斯·伍尔夫著;
(英) 大卫·布罗德本特绘;李玮译. -- 北京:中信出
版社, 2022.11
(太喜欢思考了!)
书名原文: Think Like a Mathematician
ISBN 978-7-5217-4666-2

Ⅰ.①像… Ⅱ.①亚… ②大… ③李… Ⅲ.①思维方
法—少儿读物 Ⅳ.①B804-49

中国版本图书馆CIP数据核字(2022)第153265号

像数学家一样思考

(太喜欢思考了!)

著　者:〔英〕亚历克斯·伍尔夫
绘　者:〔英〕大卫·布罗德本特
译　者:李玮
出版发行:中信出版集团股份有限公司
　　　　(北京市朝阳区惠新东街甲4号富盛大厦2座　邮编　100029)
承 印 者:北京盛通印刷股份有限公司

开　　本:889mm×1194mm　1/16　　印　张:3　　字　数:60千字
版　　次:2022年11月第1版　　印　次:2022年11月第1次印刷
京权图字:01-2022-1954
书　　号:ISBN 978-7-5217-4666-2
定　　价:96.00元(全6册)

出　　品　中信儿童书店
图书策划　红披风
策划编辑　郝兰
责任编辑　房阳
营销编辑　易晓倩　李鑫憧
装帧设计　颂煜文化
封面设计　谭潇
特邀专业审定　冯朝君

本书所述活动始终应在可信赖的成人陪伴下进行。可信赖的成人是指儿童生活中一位年龄超过18岁的人士,他可以让儿童感到安全、舒适并得到帮助,可以是父母、老师、朋友、护工等。

目录

数学家是做什么的？

你喜欢观察数字吗？你喜欢观察物体的图案吗？如果你喜欢，你或许能成为一位了不起的数学家！

数学家是研究数字、形状以及量的一群人。他们通过发现新的数学定理或定律来推动人类对数学的认识。有的数学家独自一人解决数学问题；而有的数学家则加入研究团队，与团队一起解决问题。

数学家和其他科学家一样，都是对世界充满好奇的人。他们发现问题，进而提出理论，再证明理论是否为真。不同在于，科学家是通过做实验来证明理论的，而数学家则通过逻辑推理来证明理论。

数学家喜欢用复杂的问题来挑战自己。之所以这么做，是因为他们相信，解决这些问题能推动人类的进步。他们喜欢冒险，偶尔也会像普通人一样犯错。错误也是他们需要学习的一部分。

有些数学家所做的研究是为了拓展人类对数学的认识，这类数学家叫作基础数学家。

而其他的数学家则被称为应用数学家，他们利用自己的专业知识帮助推动其他学科的发展。他们会与科学家、商人、计算机编程员或者工程师一同工作。比如说，应用数学家可能会帮助编写一套复杂的代码，以使计算机系统更加安全，也可能会帮助天文学家计算地球到其他星星的距离。

你喜欢数学家所做的工作吗？如果你喜欢，那请仔细阅读本书，开始训练你的大脑像数学家一样思考吧。

逻辑思维

我喜欢足球。

要想养成数学家的思维方式，你首先应该注意你的**逻辑**思维。逻辑思维指的是用你已知的东西**推导**出（算出）新东西的思维方式。

例如，下面是两个已知的事实：埃尔希喜欢所有体育运动。足球是体育运动的一种。基于这两个事实，我们可以通过逻辑思维推导出第三个事实——埃尔希喜欢足球。

逻辑推理的基础叫作前提。以下是两个前提：

1. 所有的猫咪都是哺乳动物。
2. 所有哺乳动物都是恒温的。

基于这两个前提，我可以做出如下推理：我的猫咪是恒温的。

这种形式的逻辑思维被称为**演绎推理**。要想推理成功，前提必须为真，而且得出的结论必须**合理**。

请看下面的陈述：

1. 今天，彼得在上学路上看见了一只乌鸦。
2. 彼得在学校惹麻烦了。

彼得得出结论：看见乌鸦就会倒霉。

你们能看出为什么这里的逻辑是错误的吗？彼得凭空做出了一个他无法证明的推论：他认为是乌鸦给他带来了麻烦。这就是人们常说的**假因谬论**。小伙伴们千万不要被骗了！

你能看出以下哪个陈述是不合逻辑的吗？如果你看出来了，请说出你的理由。

1. 斗兽场是位于意大利罗马的一处历史古迹。
2. 意大利罗马在欧洲。

结论一：斗兽场位于欧洲。

1. 每天公鸡打鸣的时候，太阳就升起了。
2. 太阳升起的时候，新的一天就开始了。

结论二：公鸡打鸣使新的一天开始。

1. 眼镜蛇是一种蛇。
2. 眼镜蛇有剧毒，可以将人毒死。

结论三：所有蛇都可将人毒死。

结论三：不合逻辑。

结论二：不合逻辑。

结论一：合乎逻辑。

5

寻找证据

数学家从不接受看起来似乎为真的事情，他们需要证据去证明事情的正确性。这一点使得数学家有别于其他职业，比如英美法系诉讼案件中的陪审团。

通常情况下，如果很多证据都指明一个人有罪，那这就毫无疑问地"证明"了这个人是有罪的。不过，数学家可不会这样"定罪"。

有罪！

这无法证明！

如果你只见过白色的天鹅，那你可能会得出所有天鹅都是白色的结论。这一逻辑形式叫作**归纳推理**。

数学家是不会将这一结论当作证明的，因为你永远无法确定黑天鹅不存在。这就是为什么数学家更愿意使用**演绎推理**进行证明，也就是由一般性知识的前提得出特殊性知识的结论。

数学家使用演绎推理来进行证明，证明有些命题永远为真，绝不可能为假。这些可以作为出发点的初始命题叫作**公理**。

迄今为止，数学家们发现了许多公理，也因此推导出许多定理。例如：我们都知道，在一个平面（而非曲面）上，三角形的内角之和为180°。我们可以利用这一定理证明新的事物。所以，如果我们知道了三角形中两个内角的角度，那我们就可以算出第三个内角的角度。

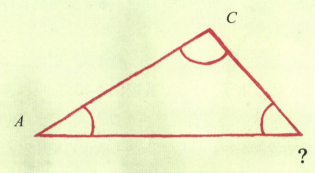

古希腊数学家欧几里得生活在公元前300年前后，他在其著名的《几何原本》一书中写下一系列公理和命题，其中就包括上述结论。

想出一个你认为为真的陈述，然后看看你是否可以证明它。试着自己证明有助于锻炼你的数学思维。

阿基米德：数学家和发明家

公元前 287 年，阿基米德出生于西西里岛的叙拉古（今意大利锡拉库萨）。他是有史以来最伟大的数学家之一。他在基础数学领域取得了重要进展——他发现了一种计算圆形**面积**的方法。与此同时，他也用数学来解决实际问题。

叙拉古国王希罗二世下令建造一艘巨大无比的船——叙拉古号。这艘船完工后，人们发现船体进水了，于是这艘船的建造者们向阿基米德寻求帮助。阿基米德运用数学思维思考了哪些形状的装置有助于将水升起来。他琢磨出了一个内部有**螺旋**的空心管。如果将管子的下端放入水中，转动顶部的手柄让螺旋旋转起来，水就会被升上来并排出船外。这项发明被称为阿基米德螺旋，至今仍在使用。

还有一次，希罗二世命人打造了一顶王冠，但他怀疑金匠偷工减料，将他给的黄金与其他金属（如银）混合起来，并将多出来的黄金据为己有。于是，他问阿基米德有没有办法判断王冠是否是纯金打造的。

阿基米德从数学角度分析了这件事。一块纯金如果和王冠的重量相同，那么它们的**体积**也应该是相同的。如果体积不同，那么这将证明这顶王冠不是纯金的。这里蕴含了一个数学问题——如何测量一个形状不规则物体的体积，比如测量王冠的体积。

　　测量灵感迸发于他洗澡的时候。他注意到，当他进入浴缸，浴缸里的水溢了出来。这让他意识到，他可以通过王冠排出的水量来测量王冠的体积——或者任何形状不规则物体的体积。他激动万分，跑到街上大喊"尤里卡"（Heureka 或 eureka），这在希腊语中是"我找到了！"的意思。

　　在阿基米德的一生中，他运用自己的数学能力解决了许多实际问题。他发现杠杆和滑轮可以帮助人们轻松地移动重物。在罗马人攻打叙拉古时，他发明了作战机械来帮助保卫城市。阿基米德死于公元前 212 年。他当时正在研究一个数学问题，完全没有意识到罗马人已经占领了叙拉古。据说，当时有罗马士兵来逮捕他，他拒绝跟这个士兵离开。于是，愤怒的士兵杀死了他。

解决问题

数学家们喜欢解决数学问题，虽然这需要很大的耐心和努力，但解决问题是数学家工作中最有成就感的一部分。

如果我每天给你 50 克猫粮，那你一周能吃多少呢？

当然，数学也是规则的学习，比如如何进行数字的乘除运算。这些知识你会在学校的数学课上学到。但是数学真正的乐趣是从你用这些规则来解决实际问题开始的。

数学问题无处不在。要想像数学家一样思考，不妨试试下次外出的时候去寻找数学问题，看看你能否解决这些问题。

✿ 你去逛超市的时候，试着计算出 4 罐烤豆子的价钱。

一罐 4.7 元，那 4 罐要花……

✿ 当你坐在车里时，不妨根据当前车速计算出到达目的地还需要多长时间。

✿ 如果你准备存钱买东西，数一数你有多少零花钱或者你从做家务中赚了多少钱，然后再计算还差多少才能存够你所需要的钱。

✿ 当你做饭的时候，根据鸡肉的重量计算出它需要在烤箱中烹饪的时间。

✿ 这里有个问题你可以尝试解决一下。假设你正在收拾行李准备去度假，你带了 5 件 T 恤衫和 3 条短裤，那么这趟旅行中你可以有多少种 T 恤衫配短裤的穿搭方式呢？

答案：15 种搭配方式。

11

图像化思维

如果有人跟你说了一个词"苹果",你会想到什么?你脑海中是不是浮现出了一个苹果?这就是图像化思维。作为数学家,你需要学会如何用图像化的方式思考数学。

图像数学意味着用形状和图形来解决问题,而非数字。许多数学家都喜欢用这种方式来思考、工作。例如,数学家——玛丽安·米尔札哈尼(1977—2017)几乎完全是以图像化的方式工作的。她将自己的想法勾勒在一张很大的纸上。

有时候,通过图像化思考,你可以找到一些问题的答案,而这是只用数字难以解决的。

下面这些练习可以帮助你对数学进行图像化思考。

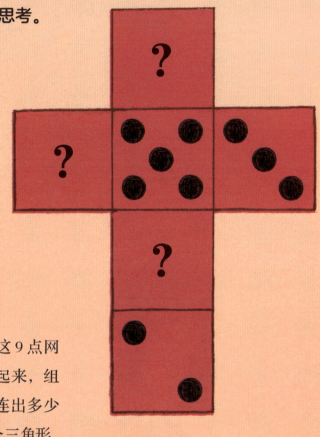

1. 想象你要将这个图形折叠成一个色子。每一个空白面的点数应该是多少？记住，每一组相对面的点数之和都必须为 7。

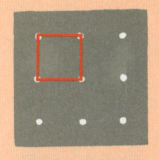

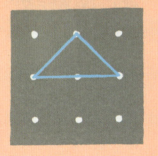

2. 在你的脑海中，将这 9 点网格中的 4 个点连接起来，组成一个形状，你能连出多少个图形？其中有几个三角形，几个正方形？

3. 发挥你的图形想象力，给图形增加一条线，使这两个图形均变成由一个正方形和两个三角形组成。

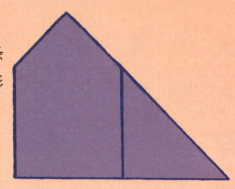

答案：1. 由上到下分别为 1、4、6。
重 6、4、1。
2. 126 个；28 个三角形，5 个正方形。
3.

研究数字

在我们的生活中，数字无处不在。你走路要花多长时间？排队时，你前面还有多少个人？你购物花了多少钱？要想像数学家一样思考，我们应该养成计算和量化事物的习惯。

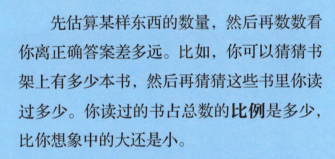

先估算某样东西的数量，然后再数数看你离正确答案差多远。比如，你可以猜猜书架上有多少本书，然后再猜猜这些书里你读过多少。你读过的书占总数的**比例**是多少，比你想象中的大还是小。

有了这些量化结果，我们该如何处理呢？将这些结果和其他类似的量化结果进行比较，再将结果转化为图表，这些结果就变得有趣而且实用了。

例如，你可以做一个图表，显示你步行到学校所需的时间。你每天上学的路线略有不同，这个图表会告诉你最快捷的上学路线。

读过的

试着**调查**一下你的朋友们最喜欢的水果。

看看哪种水果最受欢迎。

做一个数学侦探。根据线索，从下面的数列中找出"秘密数字"。

47　24　35　58　15　73　9　130　99　13　37

线索：

- 秘密数字是个两位数。

- 两个数位上的数字都是奇数。

- 十位数上的数字比个位数上的数字小。

- 个位数上的数字不小于 4。

- 两个数位上的数字之和是 4 的倍数。

答案：35。

15

艾米·诺特: 战胜偏见

艾米·诺特是一位对数学发展史有重要影响的女性。1882 年，她出生于德国的一个犹太家庭。在那个时代，世俗都认为女性应该去学习艺术，而非科学或者数学。起初，艾米学习成为一名语言教师，不过在 1900 年的时候，她决定追随自己真正热爱的学科——数学。

在埃尔朗根大学数千名男生之中，她是仅有的两名学习数学的女生之一。1907 年，她获得博士学位。即便如此，作为一名女性，她仍然无法获得学术方面的工作，因此她在大学无偿工作了 7 年。

尽管如此，她的名气却越来越大。1915 年，她被同事邀请到格丁根大学数学系工作。可是，大学还是拒绝给她提供薪水或是职位，因此她不得不以一个男同事的名义授课。

1918 年，诺特提出了一个定理，称为诺特定理。这是 20 世纪最重要的数学定理之一。它可以帮助解释重力和海浪等现象。科学家用这一定理来预测天气模式、核爆炸和桥梁的振动。

1919 年，诺特终于在格丁根大学获得了正式的职位。她在数学界一直名声在外。她访问了其他大学，参加了一些会议，还在会议中发表了演讲。

1932 年，她获得了一项重要的数学奖项。

作为一名数学家，诺特擅长看到不同事物之间的联系，并找寻规律来解释这些联系。她思考的是概念，而非单纯的数字。她还热衷于解决问题。她在格丁根大学的课程之所以出名，是因为她上课从不使用教案。相反，她会鼓励她的学生讨论有难度的数学问题。这些讨论极具突破性，以至于她的一些学生根据课堂上的笔记来写书，内容就是他们所讨论的数学问题。

1933 年，因为是犹太人，诺特被纳粹政府解除了大学职务，于是她离开德国，搬去了美国。遗憾的是，她在 1935 年去世，年仅 53 岁。迄今为止，诺特仍然是数学界一个鼓舞人心的人物，因为虽然她一生都在与偏见做斗争，但她仍然取得了非凡的成就。

格丁根大学

尝试逆向工作

有些数学问题可能相当棘手，而数学家的工作就是找到创造性的方法来解决这些问题。有时候，最困难的部分就是找出从哪里开始。如果找不出头绪，你可以尝试一种方法——那就是倒着开始！

逆向工作意味着从解决方案开始，然后一步步往回走，回到最初的起点。

这是我们在日常生活中经常做的事情。例如，在考虑如何去某地时，通常最容易的做法是先考虑目的地，然后反向推回起点。

18

对数学问题可以采用同样的方法。这里有一个例子：

早上，爸爸在厨房的桌子上留下了一碗糖果。在这一天里，乔吃了 4 颗，维琪吃了 2 颗，并且给了她的两个朋友各 3 颗。一天结束时，碗里还剩下 6 颗糖果。

请问最开始的时候有多少颗糖果？

请记住，在逆向工作的时候，每项计算都必须反过来。因此，正常情况下用加法来计算，逆向工作时就必须用减法来计算，正常做乘法的话，逆向工作必须做除法运算。

$$+ \quad \blacktriangleright \quad - \qquad \times \quad \blacktriangleright \quad \div$$

白天，糖果被拿走了，或从碗里减去了。但在我们的计算中，要倒推回原来的数字，所以糖果必须放回去，也就是加上。那么，从碗里剩下的糖果数量开始，你能把所有被拿走的糖果加起来，得出最初的数字吗？

犯错没什么大不了！

数学这门学科中，答案往往非对即错，但这并不意味着犯错就是失败。错误也是我们学习数学的一个重要部分。

因此，当你犯错的时候，不要沮丧或认为自己愚蠢至极，不妨把它当成是一次机会，让你对尝试解决的问题理解得更加深刻。

害怕犯错可能会让我们逃避复杂的数学问题，但与其让它空着，不如试着做一做。你的答案有可能是错的，但在这个过程中你也能学到一些东西。比如，你会学到什么方式是不可行的。

让我们换个角度来看：如果你在数学中没有犯任何错，那就说明它对你来说太简单了，你应该去解决更复杂的问题。犯错意味着你正在接受挑战——换句话说，你正在解决符合你水平的数学问题。

下次你再犯错，花点儿时间了解你的答案为什么是错的。回到你的数学问题，认真检查你所做的一切。你可能会发现你仅仅犯了一个简单的错误，而这个错导致你整道题出错。或者你的数学成绩很好，但你一开始并没有完全理解这个问题。如果你还是不知道你为什么犯错，请向你的老师寻求帮助。

如果你努力去认识错误的原因并改正，这些知识就会留存在你的大脑中，下次，你就会知道如何做对了。

寻找规律

数学中充满了迷人又神秘的规律。数学中的规律可以是一组重复的数字或图形序列，也可以是一个按照规则排列的序列。

我格格不入。

要想像数学家一样思考，就试着找出这些规律。面对一个数学难题时，比如你要在一列数后面继续写数时，问问自己这组数是否有规律可循。例如：

1   4   7   10   13   16

在这个数列中，相邻两个数之间相差3。

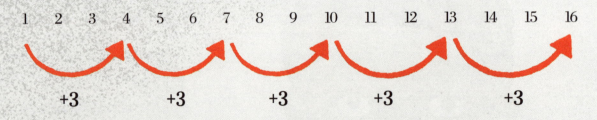

现在，试着找出下面这个数列的规律吧：

1   7   13   19   25   ?

? 应该是多少呢？

答案：31。

帕斯卡三角①包含十分有趣的数字规律，你可以自己构建一个。

仔细观察下面这个由方块组成的三角。它被称为帕斯卡三角，是以法国数学家布莱士·帕斯卡的名字命名的，他曾研究过这个三角。你会注意到，在这个三角中，每个方格都包含一个数字，它是其正上方两个方格中数的和。（如果上面只有一个方格，它就只是重复那个数字。）

将这个三角形写在另一张纸上。我们已经给出了前四行的数。看看你是否能将其他方格填满。

填好之后，仔细看看帕斯卡三角中的数，看看你能找到什么规律？试着把每一行的数都加起来。

这些和有什么规律吗？再试试按其他方式相加，你也许会发现另一个规律。

———————————

①即贾宪三角、杨辉三角。中国北宋数学家贾宪首创，早于帕斯卡 600 多年。——编者注

陶哲轩：了不起的合作者

陶哲轩出生于 1975 年，是一位华裔数学家。许多人都认为，陶哲轩是他们这一代人中最优秀的数学家。小时候，陶哲轩就展露出了数学方面非凡的天赋，他 9 岁就开始学习大学水平的数学课程。

一年之后，他成为有史以来最年轻的国际数学奥林匹克竞赛参与者，并获得了铜牌。三年后，他又赢得了金牌。陶哲轩在 16 岁时获得了大学学位，21 岁获得了博士学位。1999 年，年仅 24 岁的他成为加州大学的正教授。

陶哲轩在数学方面最著名的成就是他与英国数学家本·格林共同提出的格林－陶定理。这一定理涉及一组被称为质数的数。质数是只能被自己和 1 整除的数。例如，2、3、5 和 7 都是质数。

一些质数的间距是相等的（例如数列 3、7、11 中 3 与 7 和 7 与 11 的间距都是 4）。这些等间距的质数数列可能相当长。格林－陶定理证明，不管这些数列有多长，总会有另一组更长的数列。

陶哲轩喜欢与其他数学家合作。在他研究数学的过程中，他与几十位同事一起工作，并不断向他们学习。他明白，要想解决真正复杂的问题，需要将自己的才能与他人结合起来，因为没有一个数学家可以精通整门学科。合作是一项重要技能，适合一些数学家或者数学问题，但合作需要良好的倾听能力并且需要练习。

格林－陶定理的情况就是如此。格林和陶哲轩不仅相互合作，还引用了早期数学家的工作。

陶哲轩认为，要想研究数学，就应该与其他数学家交流想法，并与他们的工作建立联系。他不断地在博客上介绍自己的项目，祝贺他人取得成就，并分享新的想法。当有人指出他计算中的错误时，他非常高兴，因为这样有助于改进他的理论。

陶哲轩将数学问题视为对手——一个个非常狡猾的对手，而他的工作就是找到突破它们防线的方法。他很谦虚地意识到，这些对手不可能被一个人单独打败。打败它们需要群策群力，有时甚至是几代人的努力。

做游戏

培养数学技能的一个好办法就是做游戏。许多棋牌类游戏都涉及数字游戏，不过由于只顾着玩乐，你可能没有意识到你也在训练你的大脑像数学家一样思考。

在纸牌游戏"21点"中，牌面加起来最接近但不高于21点的玩家即为赢家。在这个游戏中，J、Q 和 K 值 10 点，A 值 1 点或 11 点，你可以根据实际情况自由选择。

每位玩家在开始时会发两张牌。随后，他们可以再发一张牌，试着让自己成为最接近21点的玩家。再发一张牌可能是一个棘手的决定。因为如果你已经有了一张 10 和一张 7，另一张牌可能会让你接近或等于 21（这当然最好不过了），也可能超过 21（那你就可能输了）。

玩21点不仅能提高你的加法计算能力，还能帮助你思考概率问题。你知道你需要什么数，你必须计算发到合适牌的概率。

看看已经出过的牌，然后你需要计算出哪些牌还没有发。例如，如果两个A都已经出过了，那么再出一个A的概率有多大？如果剩余的牌还很多，那么抽中的概率会很低，但如果只剩下几张牌，那么抽中的概率就会很高。

为什么不试着参加数学竞赛呢？

国际数学奥林匹克竞赛是数学界的奥林匹克运动会。每年，来自一百多个国家和地区的学生相互竞争，他们需要在规定的时间内解决一系列数学问题。像这样的比赛可以促使你在压力下快速而准确地思考，这对培养数学思维来说是一个非常好的锻炼。

系统地工作

对于棘手的数学问题，系统地工作是很有帮助的。这意味着你的头脑中要有一个计划。你可以在没有计划的情况下工作，但这样通常会花费更多的时间。

系统地工作意味着，在钻进一个数学问题之前，你要花一点时间思考是否有一种更简单、更省时的方法来解决它。

时间到！

请看这个例子。假设这里有一列数：

4, 7, 11, 12, 17, 24, ……

有人问你这些数中哪个是 2 的倍数。你可以一头钻进去，把每个数都一分为二。或者，你也可以直接记住 2 的倍数是偶数，从而节省时间。

系统地工作不仅能帮助你学习数学，还能帮助你解决在学业或生活中面临的其他问题。一种好的做法是先思考再行动。在决定最佳解决方案之前，尝试提出不同的选择方案。

试着解决这个问题：

你的外套有 3 颗纽扣，你想把它们都扣起来。你可以从最下面那颗开始扣，也可以从最上面那颗开始，又或者是从中间开始。

你能找到几种扣纽扣的方式呢？通过系统地工作，你会更加容易地找到所有解决方案。

现在，试试有 4 颗纽扣的衣服。根据你所学到的知识，你能预测一件有 5 颗或 6 颗纽扣的外套有多少种扣法吗？

你可以试试这个游戏：

目标 23。

一号玩家从 1 到 4 之间选择一个数。

二号玩家在 1 到 4 之间选择一个数，并将这个数与一号玩家的数相加。

像这样循环往复。

首先加到 23 的玩家获胜。

你能找到赢得这场游戏的诀窍吗？先选择的玩家还是后选择的玩家更有优势？

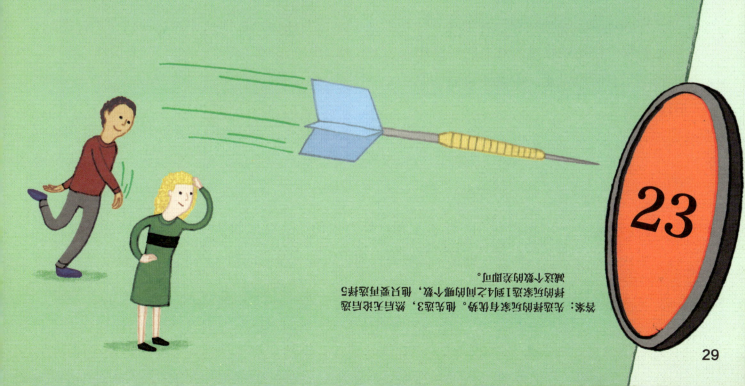

答案：先选择的玩家有优势。他先选 3，然后无论后选择玩家选择从 1 到 4 之间的哪个数，他只需要凑够 5 就能赢得游戏。

多掌握定理定律

数学中充满了一般规律，即定理定律等。例如，在一个三边长度相等的三角形里，无论这个三角形有多大或多小，三个内角的度数总是相等的。要想像数学家一样思考，你需要始终寻找一般规律。

从很多方面来说，我们是一样的。

再来看看奇数和偶数。取任意两个奇数相加。答案是偶数吗？会不会永远都是偶数？你清楚这是为什么吗？画出总和图示有时可以让一般规律背后的原因更加清楚。

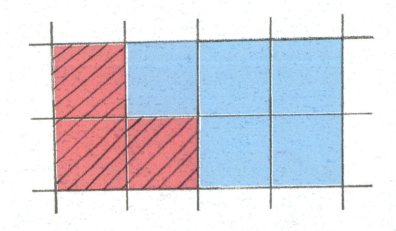

现在随机取一个奇数和一个偶数，并将它们相乘。结果是偶数吗？结果永远都是偶数吗？为什么你会这么认为呢？提示：偶数是任何可以被 2 整除的数（结果是一个整数）。

平方数也有一般规律。平方数是一个数乘以自己的乘积。下面是一系列平方数：

$$1 \times 1 = 1$$

$$2 \times 2 = 4$$

$$3 \times 3 = 9$$

你能发现这个序列中有趣的东西吗？1，4，9？它们分别是奇数、偶数、奇数。你觉得下一个平方数会是偶数吗？为什么是偶数呢？

要回答这个问题，不妨把它画出来：

你能看到，正方形每扩大一圈就会新增加奇数个圆圈。

这又引申出了两个一般规律：

任意奇数与任意奇数相加，和是偶数。

任意奇数与任意偶数相加，和是奇数。

这下你知道了吧，数学世界里到处都是一般规律。

请注意：在本书第30—31页，当我们说到"数"这一概念的时候，指的都是整数，而非分数或者小数。

充满韧劲儿

优秀的数学家都是很有韧劲儿的。这意味着在面对困难挑战的时候，他们迎难而上，从不轻言放弃。当他们失败的时候（我们每个人都会失败），他们会掸掉身上的灰尘重新再来，用全新的方法再试一次。

为了培养你的韧性，不妨试着用一些棘手的数学问题来挑战自己。试试这个迷宫游戏吧。

穿过这个迷宫，然后将你经过的所有数字加起来。路线不重复的话，你能加出的和最小是多少？最大又是多少呢？

1	5	7	1	4
6	2	5	3	6
2	6	7	4	8
3	2	8	9	1
4	5	7	3	4

答案：最小35，最大40。

在电子时钟上，时间有时会显示出**连续**的数字，有从小到大也有从大到小。例如 6：54，2：34。请计算一下，在 12 小时制的时钟里，有多少个这样数字连续的时刻？

答案：10 个。

把一个正方形切成 4 个三角形，看看你能用它们拼出多少个图形。注意，只能将长度相等的边拼在一起。

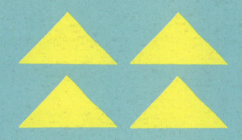

答案：8 个。

拿出 4 双袜子，把它们混搭在一起，让所有的袜子都是不相匹配的，并且确保没有一双混搭的袜子与另一双是一模一样的。是否有不止一种方法可以做到这一点？

答案：有的。

有时候，你所面对的数学问题的解决方案可能并不是显而易见的，所以你必须努力去解决它们。试着变得更有韧劲儿，因为一旦你解决了这些问题，成功的滋味会变得更加甜美。

索菲·柯瓦列夫斯卡娅：开创者

　　1850 年，索菲·柯瓦列夫斯卡娅出生于俄国，长大后成为数学界的女性先驱。她是世界上第一位女性数学教授，也是北欧第一位女教授，同时还是第一批编辑数学杂志的女性之一。

　　索菲从很小的时候就对数学感兴趣了。在她 11 岁的时候，由于家中缺少墙纸，她的父亲用旧的数学笔记当墙纸，贴在了她的卧室墙上。索菲饶有兴趣地研究这些笔记。后来，她借了一本有关代数的书，晚上躺在床上读，她的数学大脑又一次被启发了。14 岁时，她又自学了三角学（研究三角形的数学）。她的老师注意到了她非凡的天赋，于是敦促她的父亲让她继续接受教育。

　　索菲想在大学里学习数学，但唯一对女性开放的大学远在欧洲。可即使是在欧洲，女性也不能以学生的身份入学，但她们至少可以不受拘束地旁听。由于年轻的未婚女性不允许单独旅行，索菲为了方便与伏·奥·柯瓦列夫斯基假结婚了。1868 年，索菲和丈夫前往德国海德堡留学。

1870 年，索菲搬到了柏林。在这里，她成功地说服了著名数学家卡尔·魏尔斯特拉斯当她的导师。她在魏尔斯特拉斯门下学习了 4 年，发表了 3 篇论文，并最终获得了数学博士学位。

索菲继续努力地研究数学。她撰写并发表论文，其中一篇获得了法国科学院的奖项。1884 年，她在瑞典的斯德哥尔摩大学担任讲师。第二年，她被任命为一家数学杂志的编辑。她甚至还抽出时间与别人合作编写了一部戏剧。1891 年，索菲患上肺炎后不幸去世，享年仅 41 岁。

在柯瓦列夫斯卡娅的职业生涯中，她共发表了十篇数学论文，其中大多都是开创性的研究，启发了日后的数学发现。她不仅是一位伟大的数学家，也是一位才华横溢的作家和妇女权益活动家。由于她不断地为妇女获得大学教育而斗争，越来越多的大学开始向妇女开放。

付诸实践

我看透你了！

你做的数学题越多，你解决数学问题的速度就越快。数学问题通常被非数学语言伪装成简单运算，你做得越多，你就越容易看穿这些伪装。

举个例子，拿这个问题来说：一盒鸡蛋有 6 颗，如果每个人分 2 颗，12 个人需要多少盒？通过练习，你会发现这个问题中有几个伪装的简单运算：12 × 2 = 24（颗），然后 24 ÷ 6 = 4（盒）。

要在没有计算器的情况下回答上述问题，你需要知道乘法口诀表。花些时间学习这些口诀可以节省你做数学题的大量时间。

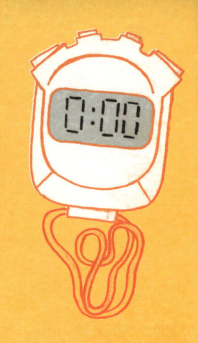

如果你发现自己在某个方面学起来很费劲，比如减法或除法，或许耗费时间很长，或许经常犯错，不妨在做这种类型的算术题时集中注意力，给自己计时，看看你能否提高做题的速度和准确度。

你的大脑就像是一块肌肉，需要不断地练习来增长力量。你做的数学题越多，你在加、减、乘、除这些简单而重要的计算方面的能力也就会越强。

这里有一个很好的数学热身练习：

任意选择一个数，想出 10 种算出这个数的方法。例如，如果你选择的是 16，你可以说：12 + 4，4 × 4，19 - 3，32 ÷ 2，以此类推。

这个练习虽然简单，但如果经常这样练习，你的基本算数能力会大大提升。

考虑可能性

在数学中，我们通常可以预测答案是对还是错。如果你在一个装有 4 个苹果的碗里加上 1 个苹果，最后碗里总是会有 5 个苹果。数学家们对某件事情发生的可能性（或者概率）也很感兴趣，这就需要一种不同的数学方法了。

它可能会落在碗里，也可能不会！

如果你抛硬币 100 次，大概有一半的次数会落在反面，一半的次数落在正面。但这并不是一定的。它也有可能每次都落在反面，虽然这种可能性微乎其微。

概率对数学家来说非常有用，因为我们周围的世界是千变万化的。有许多事情我们不能百分之百地准确预测，例如天气情况。概率可以帮助我们计算出某些事情发生的可能性，例如下雨的概率。这样我们就可以为可能发生的事情制订相应的计划。

概率常用分数表示。艾米有 4 个蓝球、5 个红球和 3 个绿球。她把这些球都装进一个袋子里，然后从中随机挑出一个。她挑出蓝球的概率是多少？为了计算这个问题，我们要用蓝球的数量除以球的总数。正确答案是 $\frac{4}{12}$ 或者 $\frac{1}{3}$。

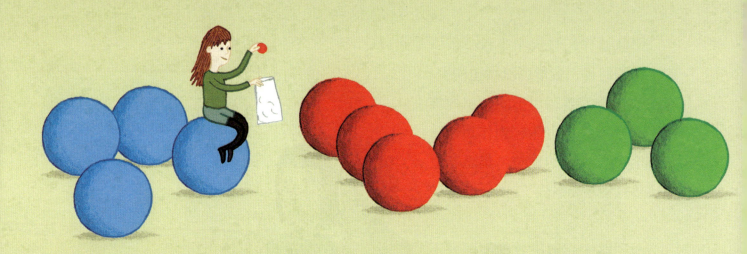

大数获胜

这里有一个你可以利用概率和策略玩的游戏：两个玩家各画出 4 个并排的格子，并轮流掷色子，然后掷色子的人可以决定将他掷出的数字写在哪个格子里。每个人掷 4 次色子，直到格子都写满。得到的 4 位数大的玩家获胜。

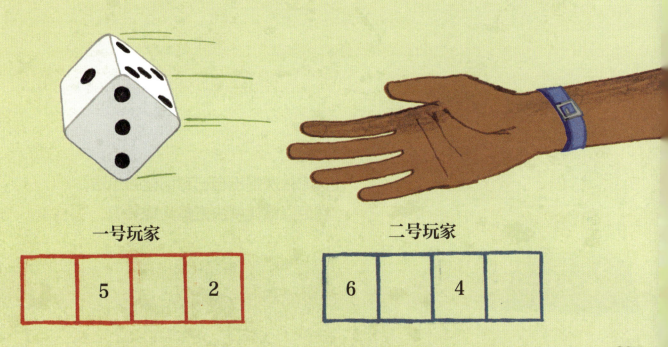

一号玩家

	5		2

二号玩家

6		4	

共同努力

团队协作，与伙伴或和小组一起工作的时候，数学可以妙趣横生。在解决一个需要运用不同知识的难题时，共同努力也能起到作用。我们都有各自独特的优势，集思广益总比单打独斗要强。

与团队一起解决数学问题并不总是一帆风顺的。有些人可能比其他人嗓门大，或者更渴望表现自己，但这并不一定意味着他们的想法更好。要确保每个人都有发言的机会，而不是大家一窝蜂地同时发言！

让大家依次提出自己对问题的想法，然后以最佳解决方案达成共识。

这有一个非常适合团队协作的数学游戏。

角落里的色子

把 3 个色子并排摆在一个角落里，这样只有 7 个面可以看见。已知的条件是，两个挨着的面一定是相同的点数。和你的小伙伴一起，计算出隐藏的面是什么数字。记住：色子相对的面点数之和永远是 7。

下面是另一个有趣的团队协作挑战。

猜猜游戏币

小组中的一个人（设计者）排列了一组不同颜色的游戏币，并将这一组游戏币隐藏起来。小组的其他成员向设计者提出问题，以根据设计者的回答找出游戏币是如何排列的。设计者只能回答"是"或"不是"。

你可以像下面这样提问：

- 游戏币是否超过 4 个？
- 蓝色的游戏币是否和其他游戏币相邻？
- 黄色游戏币的左边有两个游戏币吗？
- 有红色的游戏币吗？
- 排列是否**对称**？

团队一同协作，看看你们是否能在 20 个问题以内猜出游戏币的排列顺序。

数学无处不在

数学是一门重要的工具，我们用它来了解我们身处的世界。如果不懂数，你就无法做饭、购物、看时间或者玩棋盘游戏。甚至你要在花园里播种，也需要测量出土壤的深度，计算出需要多少种子。

工程师需要数学来建造我们所使用的机械，比如电脑、汽车以及电话。建筑师使用几何学来设计建筑，气象学家使用数学模型来预测天气，航天员利用数学知识飞向太空，音乐家使用数学来创作和演奏音乐。

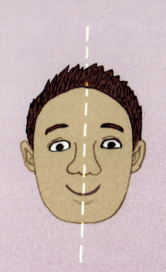

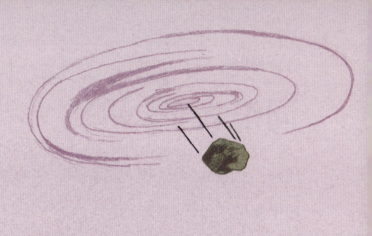

大自然中有着各种各样的数学知识，比如把石头扔进池塘时泛起的涟漪，或者你脸部的对称性。作为一名数学家，你将研究构成万事万物的规则，当然也包括你自己。

试着多思考你周围的数字。花点时间来量化和比较事物。继续钻研那些数学问题，如果你犯了奇怪的错误，不要担心，享受数带来的乐趣才是最重要的。

现在你已经读完了这本书，你已经得到了像数学家一样思考的所有信息。所以不要再拖延了，数学的世界正在等着你呢。

词汇表

比例：一件事物与另一件事物或同一事物的不同部分在数量、大小或数上的关系。

博士学位：大学里最高的学位。

代数：数学的一个分支，用字母和其他符号来表示问题中的数字。

对称：形容在一定的对应关系下完全相同的性质。

概率：事件发生的可能性。

公理：经过人类长期反复实践的考验，无须再加以证明的命题。

归纳推理：凭经验和观察得出对某一事物的一般结论。

角度：一个点引出两条射线所形成的平面图形的大小，通常以度为单位。

谬论：错误结论。

平方：一个数与自身的乘积。

前提：构成逻辑论证基础的陈述或命题。

推论：用逻辑解决（某事）。

序列：一系列事物，如数，往往有一定的规律。

演绎推理：用已知的事实（前提）得出结论。

对以下推理做出分析。

a. 甜馨非常喜欢吃水果。

b. 猕猴桃是一种水果。

结论：甜馨喜欢吃猕猴桃。

_____

_____

_____

a. 朋友每天跑步两千米，已经坚持了一周。

b. 朋友最近一周体重增加了三斤。

结论：跑步会让人变胖。

_____

_____

_____

介绍一位你喜欢的数学家

姓　　名＿＿＿＿＿＿＿＿＿＿＿＿＿＿＿

出生年月＿＿＿＿＿＿　国籍＿＿＿＿＿＿＿

兴趣爱好＿＿＿＿＿＿＿＿＿＿＿＿＿＿＿＿

主要成就＿＿＿＿＿＿＿＿＿＿＿＿＿＿＿＿

＿＿＿＿＿＿＿＿＿＿＿＿＿＿＿＿

＿＿＿＿＿＿＿＿＿＿＿＿＿＿＿＿

（可以是照片，也可以是肖像画）

关于他的一件事

＿＿＿＿＿＿＿＿＿＿＿＿＿＿＿＿＿＿＿＿＿＿＿＿

＿＿＿＿＿＿＿＿＿＿＿＿＿＿＿＿＿＿＿＿＿＿＿＿

＿＿＿＿＿＿＿＿＿＿＿＿＿＿＿＿＿＿＿＿＿＿＿＿

＿＿＿＿＿＿＿＿＿＿＿＿＿＿＿＿＿＿＿＿＿＿＿＿

＿＿＿＿＿＿＿＿＿＿＿＿＿＿＿＿＿＿＿＿＿＿＿＿

＿＿＿＿＿＿＿＿＿＿＿＿＿＿＿＿＿＿＿＿＿＿＿＿

你最欣赏他的一点

（粘贴相关报道或与之相关的照片）

＿＿＿＿＿＿＿＿＿＿＿＿＿＿＿＿＿＿＿＿＿＿＿＿

＿＿＿＿＿＿＿＿＿＿＿＿＿＿＿＿＿

＿＿＿＿＿＿＿＿＿＿＿＿＿＿＿

＿＿＿＿＿＿＿＿＿＿＿＿＿＿

太喜欢思考了！
给孩子解决问题的金钥匙

像航天员一样思考

THINK
LIKE AN
ASTRONAUT

[英] 亚历克斯·伍尔夫 著
[英] 大卫·布罗德本特 绘
曹琰 译

中信出版集团 | 北京

图书在版编目（CIP）数据

像航天员一样思考 /（英）亚历克斯·伍尔夫著；
(英) 大卫·布罗德本特绘；曹琰译. -- 北京：中信出
版社, 2022.11
（太喜欢思考了！）
书名原文: Think Like an Astronaut
ISBN 978-7-5217-4666-2

Ⅰ. ①像… Ⅱ. ①亚… ②大… ③曹… Ⅲ. ①思维方
法—少儿读物 Ⅳ. ①B804-49

中国版本图书馆CIP数据核字（2022）第153263号

Train Your Brain: Think Like an Astronaut
First published in Great Britain in 2021 by Wayland
Copyright © Hodder and Stoughton Limited, 2021
Series Designer: David Broadbent
All Illustrations by: David Broadbent
Simplified Chinese translation copyright © 2022 by CITIC Press Corporation
ALL RIGHTS RESERVED

本书仅限中国大陆地区发行销售

像航天员一样思考

（太喜欢思考了！）

著　　者：[英] 亚历克斯·伍尔夫
绘　　者：[英] 大卫·布罗德本特
译　　者：曹琰
出版发行：中信出版集团股份有限公司
　　　　　（北京市朝阳区惠新东街甲 4 号富盛大厦 2 座　邮编　100029）
承　印　者：北京盛通印刷股份有限公司

开　　本：889mm×1194mm　1/16　　印　张：3　　字　数：60 千字
版　　次：2022 年 11 月第 1 版　　　印　次：2022 年 11 月第 1 次印刷
京权图字：01-2022-1954
书　　号：ISBN 978-7-5217-4666-2
定　　价：96.00 元（全 6 册）

出　品　中信儿童书店
图书策划　红披风
策划编辑　郝兰
责任编辑　房阳
营销编辑　易晓倩　李鑫橦
装帧设计　颂煜文化
封面设计　谭潇

本书所述活动始终应在可信赖的成人陪伴下进行。可信赖的成人是指儿童生活中一位年龄超过 18 岁的人士，他可以让儿童感到安全、舒适并得到帮助，可以是父母、老师、朋友、护工等。

目 录

航天名人故事

练习加油站

漫游太空

你喜欢探险吗？

你想要探索未知吗？

你愿意突破人类对自我认知的极限吗？

如果答案是肯定的，那你很有可能成为一名**航天员**。

人类为何对太空心驰神往？那是因为我们被探索未知世界的渴望驱使着，想要不断发现**太阳系**新的奥秘，并在科技领域取得更大的进步。

说到太空，我们对它的第一印象就是危险。那里没有空气，没有食物，没有水——什么也没有，换言之，那里不具备任何生存的条件。但现在，有一些人在地球大气层以外的太空中进行各种探索。

想要在太空中生存，人们必须携带生命维持设备。

第一个实现太空探险的人是苏联航天员尤里·加加林。1961 年，他完成了绕地球轨道一圈的任务。

之后的 1969 年，美国航天员乘坐航天器登上了月球。

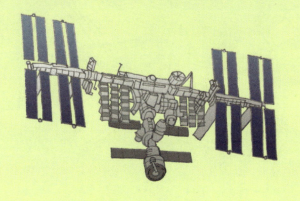

如今，人类建造了环绕地球轨道的永久载人空间站，它也被称为国际空间站（ISS）。未来，人们计划将载人航天飞船送上月球，甚至火星。

未来的航天任务需要更多的航天员。

要想成为一名航天员，你要学会像他们一样思考。这意味着你要学会：

- 如何做出决策，并矢志不渝地坚持下去。
- 如何**灵活**应对危机。
- 如何自给自足。

你喜欢这样吗？
如果喜欢，就开始阅读这本书吧！
试着训练你的大脑像航天员一样思考。

强健体魄

进入太空对人体素质要求极高。当火箭以超高速发射时，你会被超过地球**重力**三倍的力量紧紧扣在座椅上。而进入太空之后，重力变弱，你便会开始四处飘浮。在失重的环境中生活，骨骼和肌肉都会变得很脆弱。

为了应对这些问题，你必须强健自己的体魄。也就是说，你要定期锻炼，均衡饮食，摄取富含大量维生素和矿物质的新鲜食物。

而且在太空中，航天员需要十分专注，以完成各种艰巨的任务。拥有强健的体魄有助于心智健康，从而更好地完成这些任务。为此，你需要多吃绿色蔬菜、鱼类、水果、鸡蛋、坚果等。

要成为一名体格健壮的航天员，即使进入太空后，一些常规的运动也必不可少。国际空间站安装着固定的自行车、跑步机和举重器械。航天员每天会用这些器械锻炼两小时。

多锻炼，为成为一名航天员做好准备。

跳跃——跳跃能使你的骨骼强壮。

飘浮——俯卧，抬高双腿和手臂来增强你的核心力量。

平衡——用单腿保持平衡，开发你的核心肌肉力量和姿态。

伸展——慢慢将身体前屈，试着用手触碰你的脚趾。人体在太空中会自然伸展。脊柱的骨骼会轻微分离，因为它们不再受重力向下拉动的力量。伸展运动会让你的身体适应伸展状态。

锻炼结束后，让身体放松五分钟，调整呼吸。

这种练习有助于训练你的大脑，让它能够冷静有效地应对各种问题。

掌握事物运作原理

　　飞船中到处都是复杂精密的仪器。如果有仪器在太空中损坏了，是无法拿到修理店维修的。因此，要成为一名航天员，你需要明白飞船上的仪器是如何运作的。只有这样，如果它们损坏了，你才能自行维修。

　　国际空间站是有史以来人类建造的最大的航天器，没有航天员能完全明白它所有的运行原理。因此，航天员需要接受特定系统的训练，例如加热系统、冷却系统或者通信系统等。有了这些知识，航天员便能解决大部分问题。

　　在接受航天员训练之前，你有必要了解航天器运行的基本知识。例如，只有掌握了数学、物理和化学等相关知识，你才能够理解火箭是如何进入太空的。

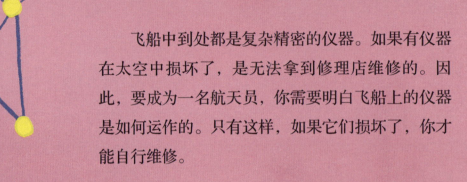

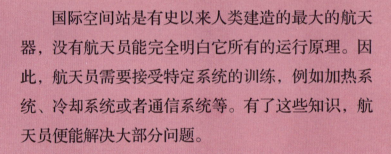

为了克服地球的引力，火箭需要极强的**推进力**。因此，火箭内装配了含有固体或液体燃料的巨大容器。这些燃料在燃烧室与氧混合，点燃后会发生化学反应，剧烈燃烧，并产生大量气体，由火箭尾部排放出去，进而推动火箭前进。

如果想要更切实地体会火箭的工作原理，你不妨设计一个专属自己的"气球火箭"。

你需要准备：

● 气球   ● 一根绳子（长约 3 米）   ● 吸管
● 胶带   ● 椅子

第一步：将绳子的一端系在门把手上。

第二步：把吸管穿在绳子上。

第三步：拉紧绳子，并将穿过吸管的一端系在椅子上。

第四步：吹气球。用手指捏紧气球的吹气口，防止气球漏气。

第五步：用胶带把气球粘到吸管上。

第六步：放开手指，让"火箭"起飞！

尼尔·阿姆斯特朗：登月第一人

1969 年，阿姆斯特朗成为第一个踏上月球的人。阿姆斯特朗出生于 1930 年 8 月 5 日，登上月球这一壮举在他出生的那个年代似乎完全不可能实现。那时，火箭最高仅能飞到 27 米，太空飞行不过是痴人说梦罢了。

阿姆斯特朗出生于美国俄亥俄州的乡村。他儿时的梦想就是成为一名飞行员和航空工程师（飞机设计师）。15 岁时，他开始学习飞行课程，16 岁生日那天他获得了飞行员驾驶执照。他刻苦学习，尤其在数学和科学上分外勤勉，最终获得了大学奖学金，学习航空工程专业。

后来，阿姆斯特朗成了美国海军的一名飞行员。在一次执行任务时，他驾驶的飞机因与电缆发生碰撞，一侧机翼被撞飞。危急关头，他想方设法驾驶残损的飞机成功着陆。这充分证明他能临危不惧，冷静应对，拥有成为一名航天员的优秀品质。

1962 年，阿姆斯特朗被批准参加美国国家航空航天局（NASA）的航天员项目。此后，他经历了严酷的训练。为了熟悉和适应火箭发射时的状态，他被暴露在高速运动、有巨幅震动和巨大噪声的环境中训练。他还在大型游泳池中训练，以便学习如何在微重力状态下移动。

阿姆斯特朗的首次太空任务是乘坐双子星座 8 号飞船。在此次任务中，他和同组人员执行了历史首次轨道对接。其间，双子星座 8 号一度失去控制发生剧烈旋转，乘坐的航天员几近眩晕。关键时刻，阿姆斯特朗及时关闭推进器，飞船停止旋转，危机才得以解决。

1969 年 7 月 16 日，阿姆斯特朗乘坐阿波罗 11 号飞船，开启了他闻名世界的飞行旅程——第一次载人登月航行。4 天后，他和同组人员巴兹·奥尔德林操纵鹰号登月舱在月球表面着陆。

这主要依靠他们平时的训练和经验。尽管计算机出现了问题并且燃料几乎耗尽，他们最终还是安全地着陆了。几个小时后，阿姆斯特朗从鹰号登月舱的梯子上走下来，踩在了月球上，说出了那句广为流传的话语："这是我个人的一小步，却是人类的一大步。"

善于决策

太空中情况总是瞬息万变。有时飞船会突然起火，有时又可能会被飞行的碎片击中。要想挽救局面，就需要快速做出决策。因此善于做出正确的决策并坚决执行是一个你可以学习的技巧。

要不要试试看呢?

刚开始时，你可以只做一些简单的决定，并坚持一个月。例如，你可以决定在一个月里，每天做十个俯卧撑或者学习五个外语单词。看看你是否能坚持下去吧。

作为一名航天员，在危急时刻，你需要快速做出决策。保持冷静非常重要。为帮助航天员训练这一技能，他们需要在限时压力下完成困难的任务。

以下是可以帮助你在压力下保持冷静的一些技巧。

缓慢深呼吸——帮助身体放松。

充分利用你的经验——大多数问题其实都是你先前经历过的问题的变体，所以充分利用你所受的训练和经验来帮助你进行决策。

关注一切可能性——而不是一味担心当下出现的问题。思考有什么能够帮助你解决问题。

思考下一步计划——不要用最坏的结果吓唬自己。问问自己下一步必须要做的是什么。

如果想要测试自己在压力下进行决策的能力，可以尝试玩游戏，比如小测验、国际象棋或是纸牌游戏，记住要遵守严格的时间限制。

随机应变，逆境求生

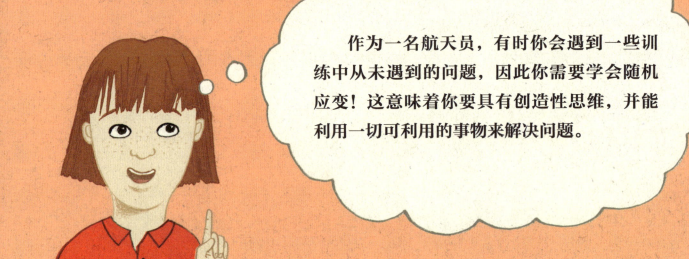

作为一名航天员，有时你会遇到一些训练中从未遇到的问题，因此你需要学会随机应变！这意味着你要具有创造性思维，并能利用一切可利用的事物来解决问题。

1969 年，阿波罗 11 号登月期间，登月舱的开关突然损坏。阿姆斯特朗和奥尔德林面临着被困月球的危险。情急之下，奥尔德林尝试将笔尖插进开关原来的位置。幸运的是，奏效了！

日常生活中我们时刻都要随机应变。生活不总是一帆风顺，我们需要学会去适应它。

没有书包背书？或许你可以用旧皮带把书卷起来代替书包。手机屏幕划伤了？试着在上面抹一点牙膏。擦掉牙膏后，划痕就不会那么明显了。

随机应变就是利用你现有的技能和知识来解决眼下棘手的问题。意味着你要接受现实，无论情况多么糟糕，也要想方设法去解决它。意味着你的思维要开放、灵活，而非故步自封、一成不变。当别人向你寻求帮助时，请说"没问题"，而不是"可以，但是……"

想象你因沉船流落荒岛。试着随机应变来寻求生存。你会如何寻找食物、水和庇护所呢？

换个角度思考

航天员经常谈起他们第一次进入太空时的奇妙感受，以及当他们在太空中看到地球如此渺小时，他们看问题的**视角**是如何被改变的。在地球上，你同样可以通过以不同的方式看待事物来锻炼自己的这项能力。

1968 年 12 月 24 日，执行阿波罗 8 号任务的航天员威廉·安德斯拍摄了一张著名的照片，照片中地球正从月球上方缓缓升起。人们看到，在广袤的宇宙中，地球是一颗如此渺小、脆弱而美丽的星球。它让人们明白保护地球多么重要，也因此启发人们开展现代环境保护运动。

想要像航天员一样思考，你就永远都不能丧失对世界的好奇。以下的方法可以提醒我们，自己所在的世界和宇宙多么奇妙。

寻找令人惊奇的事物——参观博物馆、美术馆或天文馆。看看国际空间站的照片，像航天员一样看地球。

想象你是另一个人——你走在自家小区里时，试着以参观者的视角观察它。把自己重新引入熟悉的环境，它对你来说就会焕然一新。

慢下来——花时间观察你周围的世界。欣赏蜻蜓的舞姿，聆听鸟儿的歌声，感受花朵的清香。

这些技巧会让你暂时脱离日常生活，帮助你从不同的角度看待事物。

李素妍：首位进入太空的韩国人

1978 年 6 月 2 日，李素妍出生于韩国光州。她学习刻苦，并获得了韩国科学技术院机械工程专业硕士学位。在攻读生物科学博士学位期间，李素妍向韩国航天员计划申请成为一名航天员。最终，她从 3 万名申请者中脱颖而出，成为最终的两位航天员之一。

2008 年 4 月 8 日，她搭乘联盟 TMA-12 号载人飞船进入太空，成为韩国的第一位航天员。飞船与国际空间站对接后，她在那里花了 10 天时间进行了 18 项科学实验和医学测试。她测量了微重力对果蝇、植物种子以及对她的心脏、眼睛和脸型的影响。

在空间站工作期间，李素妍乐此不疲地观察着地球。她会在半夜醒来，飘到舱内的窗前向外看一眼。她认为，地球是人类被赠予的礼物，人类有责任保护它。

然而，飞船在返回过程中出现了问题，李素妍和同伴几近死亡。他们搭乘的联盟号飞船返回舱在进入地球大气层时发生故障。太空舱发生短暂翻转，另一面被暴露在因与大气层剧烈摩擦产生的超高温中。如果多持续几秒，航天员可能就会直接死亡。在跌跌撞撞地降落到地球的过程中，他们经历了比正常高出十倍的重力。最终，他们在距离原定着陆点418千米的哈萨克斯坦艰难着陆，没有巨大伤亡。

　　在整个危机过程中，李素妍作为航天员始终保持冷静思考，坚守职责。她说："我能感受到飞船的震动，但是除了专心做好自己的工作、遵守制度以外，我别无选择。"

　　太空中的冒险经历让李素妍对生活有了新的认识："你也许会抱怨手机信号不好、交通拥堵、人群拥挤，或者噪声扰人。但如果不是生活在太空中最舒适的星球上，你根本不可能提出这些抱怨。所以，能够拥有一部手机就是一件值得开心的事。"

自由飘浮

我们平时感受不到重力的存在。但是在空间站的微重力环境下，日常生活中的许多活动，例如四处走动、洗漱、吃饭、睡觉、上厕所，都截然不同。

想成为一名航天员，你就要训练你的大脑以完全不同的方式工作。"上"和"下"在太空中的意义不大。想要移动你得手脚并用。一切未拴紧的东西都会飘起来，所以如果你不想丢三落四，就要将大脑训练得井井有条。

你需要习惯食物没有味道，因为在微重力环境下，你的味觉和嗅觉会受到影响。在国际空间站，蛋糕和饼干都不适合食用，因为食物碎屑会飘得到处都是！你可以使用盐和辣椒调味，但只能使用液态的。

微重力环境下，水会变成球状飘浮在空中，所以你没办法在浴缸里洗澡或淋浴。但你可以从容器里挤出一团肥皂水，把它抓在手里清洗。上厕所的过程十分复杂，需要用吸引管将排泄物推入管道和包装袋中。总之，你需要思维灵活，以全新的方式适应日常生活。

试着想象一下，如果你周围的一切，包括你自己，全都飘了起来，你的日常活动将如何进行？学校会是什么样子？你会做什么运动，玩什么游戏？你又怎么睡觉呢？

享受孤独吧

太空任务周期会很长——航天员完成一次任务经常需要在空间站停留数月，其间也只有少数几个同事为伴。未来，随着航天员前往月球基地，或是开展火星探索，太空任务周期将会变长。

要像航天员一样思考，你需要相当独立，不能过于依赖朋友和家人的陪伴。以下是训练自立能力的一些方法。

给每天安排固定的工作、锻炼、吃饭和休息时间，让生活井井有条。

享受与朋友和家人在一起的时光，但也要培养自己独处时的爱好，例如阅读、摄影或学习乐器。试着养成写日记的习惯，每天结束的时候，将你的想法、感受和活动记录下来，并坚持下去。

航天员也需要训练自己的社交技能。他们会聊天、玩游戏、交流家庭趣事，也会尝试与地球保持联系。

　　正常来说，在火星上进行双向对话是不太可能的——即便以光速传播，交流信号也需要 3 ～ 22 分钟才能从火星到达地球。在太空中，虽然有延迟，航天员接收地球的消息还是没问题的。

　　何不现在就开始培养写日记的习惯呢？用几段话总结一下自己的一天，这对每一个新晋航天员来说都是十分有用的技能。未来的历史学家可以从航天员的日记中了解早期定居在其他世界的人们的生活是什么样的。万一那个被历史学家研究的航天员刚好是你呢？

学会沟通

作为一名航天员，你需要具备良好的沟通技巧。这些技巧甚至会救你于危难！如果飞船发生故障或紧急状况，你需要能够向地球上的工作人员准确描述你的问题，并理解他们的建议。

休斯敦，我们遇到问题了……

航天员需要定期与地球的任务控制中心联系，也需要向媒体和公众讲述他们的太空生活。

要成为一名航天员，你说话要充满自信且发音清晰。这样，即便是通过嘈杂的无线电，人们也能明白你说话的内容。同时，你也需要言简意赅、切中要点，在你进行太空行走（见第 26—27 页），时间和氧气供应都十分有限时，这项技能尤其有用。

沟通时，聆听与述说同样重要。航天员要仔细倾听建议和指令。遇到不清楚的地方，也要要求讲话人重复讲话内容。在太空中，任何一个误解都可能引发灾难，因此，确认对方的意图至关重要。

可以再说一遍吗？

　　如今，许多国家都在把人送入太空，交流不再局限于一种语言。作为航天员，学习另外一门语言，例如俄语、法语或日语，是非常有用甚至重要的技能。

想要测试你的说话和倾听能力，可以尝试"打电话"的游戏。

　　这个游戏需要五个或更多的参与者。所有人排成一行。第一个人小声向第二个人说出信息内容（不能让其他人听到），第二个人再小声转述给下一个，依次类推。最后一个人听到信息后，所有人由后向前说出他们听到的内容。

梅·杰米森：航天员、医生和工程师

梅·杰米森，首位进入太空的黑人女性，1956 年 10 月 17 日出生于美国亚拉巴马州，在芝加哥长大。小时候，她喜欢跳舞，也爱学习科学。年轻的杰米森在电视上观看了"阿波罗"太空任务，却发现执行太空任务的航天员里没有女性，这令她非常沮丧。于是她决定，将来一定要登上太空。

在学校，杰米森整日泡在图书馆里，阅读各类科学书籍，尤其是天文学。同时她也学习外语，能说一口流利的俄语、日语和斯瓦希里语。

获得斯坦福大学化学工程专业学位后，杰米森继续在康奈尔大学医学院学习，并于 1981 年获得医学博士学位。之后的几年，她在加利福尼亚州的洛杉矶行医，并在利比亚和塞拉利昂为人们提供服务。

1987 年，杰米森向美国国家航空航天局申请成为一名航天员，并成功从 2000 名申请者中脱颖而出，成为最后 15 名入选者之一。她被授予"科学任务专家"称号，负责在**宇宙飞船**上开展科学实验。

　　航天员训练期间，以前的经历对杰米森起到了很大帮助。训练员曾让她做一个测试，要求将一只死鸟的内脏抽出来。"出于某些原因，他们想刻意刁难我。但他们错了，"她说，"我可是医生，才不会被这种事情恶心到。"

　　1992 年 9 月 12 日，杰米森与其他 6 名航天员乘坐奋进号航天飞机进入太空。他们环绕地球飞行了 127 圈，并于 1992 年 9 月 20 日返回地球。在执行任务期间，她开展了许多项实验，研究无重力和晕动症对自己和其他队员的影响。在另一项实验中，她对青蛙卵和蝌蚪如何在微重力下发育进行了研究。

　　现在，杰米森是"百年星舰计划"的领头人，她的目标是为 100 年内将人类送入其他星系进行的研究和技术开发提供支持。

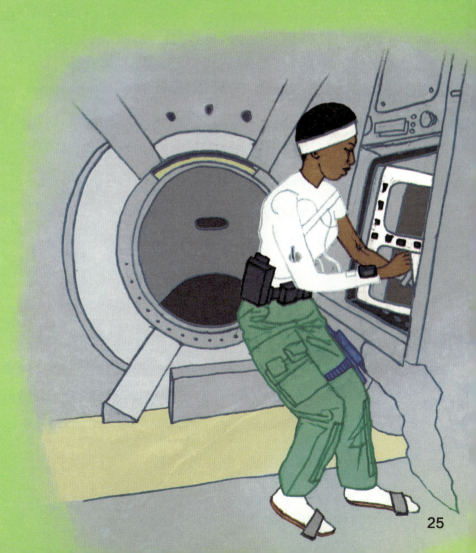

太空行走特训

有时，航天员必须执行太空行走任务，即穿戴航天服在飞船舱外执行检修任务或开展科学实验。太空行走前需要接受大量的心理和体能训练。

一次成功的太空行走需要提前计划。在氧气供应有限的情况下，航天员需要高效工作，因此，每一阶段都需要提前规划。

航天员会与团队开会讨论太空行走的计划。他们将工作按重要性排序，知道什么事情应该优先完成，为太空行走制订有效的路线。

你可以通过规划一条能在最短时间内到达三个不同地方的线路来训练这一技能。

太空行走需要细心和耐心。穿好航空服后，航天员要进行"漏气检查"，确保在太空的真空环境中能得到充分保护。他们会用几个小时呼吸纯净氧气，清除体内的氮，这样他们就会免受"减压病"的痛苦折磨。但也必须注意，吸纯氧时间过长，会导致永久性身体损伤。

一旦出舱，航天员需要十分敏捷。在地球上，搬东西、拧螺栓或插电线可能是很简单的任务，但在微重力环境下，戴着笨重的宇航手套做这些却需要大量练习。

你戴着厚重的手套能做多少事情呢？

在有大人监管的情况下，下次游泳的时候你可以试着练习太空行走。尝试将一个沙滩球从游泳池的一边推到另一边，或者从池底捡起一枚硬币。

保持好奇，善于发现

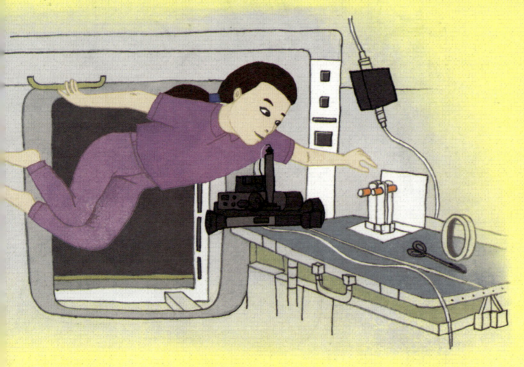

国际空间站是一个轨道实验室，航天员每天大部分时间都在进行科学实验。所以要成为航天员，你需要像科学家一样思考，也就是提出问题、检验假设并记录结果。

航天员会研究微重力下的材料、植物，以及动物的行为。他们也会研究微重力对人类的影响，帮助我们为未来的太空任务做准备。他们用强大的传感器观察地球，收集关于气候变化的数据，并实时记录自然灾害。

你可以通过培养好奇心、观察力以及开放思维，训练自己的大脑能够像航天员和科学家一样思考。在微重力状态下，你会遇到各种出乎意料的事情。例如，火焰会变成球形，而不是泪滴状。

问自己一个问题，然后提出一个假设并检验它。例如，在微重力环境下，种植粮食作物可能会出现什么问题？你应该怎么做才能确保水到达植物的根部呢？

试试下面这个太空主题的科学实验。

目标：研究陨石大小与撞击时形成的撞击坑大小有什么关系。

你需要准备：

- 大箱子或烤箱托盘
- 面粉
- 尺子
- 三个不同大小的球形物体，如高尔夫球、网球、柚子

步骤：

1. 将面粉倒入托盘中，晃动托盘使面粉表面比较平整。
2. 让三个球形物体分别从同一高度下落到托盘中，产生三个"撞击坑"。
3. 测量每个"撞击坑"的直径，并记录下结果。

观察结果，得出结论：
"陨石"的大小和它所形成的"撞击坑"的大小之间有什么关系？

锤炼太空飞行技能

航天员的飞行工作是控制和操作航天器、与空间站对接、在其他星球着陆,并乘航天器安全返回地球……所有这些都需要大量的训练。

许多航天员以前都是军队飞行员或试飞员。这些经历帮助他们掌握了一些重要技能,使他们能在进入太空后游刃有余。

我们也可以通过一些基本的技能训练来开始这一过程。

首要的便是空间意识,即理解并与周围环境互动的能力。为了避免航天器发生碰撞,航天员需要具有空间意识。在飞行过程中,航天员要对他所驾驶的航天器与地球及其他航天器之间的位置关系有清晰的了解。

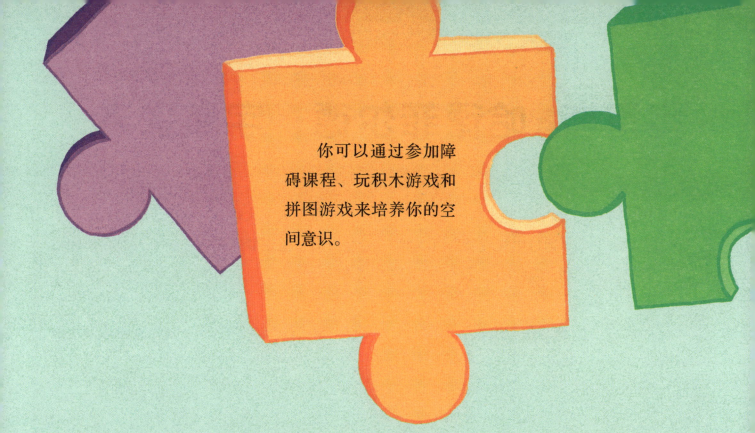

你可以通过参加障碍课程、玩积木游戏和拼图游戏来培养你的空间意识。

航天员要有的另一项重要的飞行技能是协调性。协调性是一种将身体的不同部分组织起来，从而达到流畅、高效利用身体的能力。你可以尝试以下练习来提高自己的协调性。

- **手眼协调：**练习投球和接球，打网球、乒乓球、棒球或踢足球。
- **左右协调：**骑自行车、游泳、爬梯子（由成年人看护）。
- **手部协调：**玩五石游戏，用双手挤压和揉搓黏土，弹钢琴，练习打字。
- **平衡练习：**单腿站立，向后走，单腿跳。

作为一名航天员，你经常需要在高压情况下快速果断地做出反应。这就是为什么你需要良好的空间意识和协调能力。

克里斯·哈德菲尔德：宇航歌者

1959 年 8 月 29 日，克里斯·哈德菲尔德出生于加拿大安大略省。他乐于冒险，十几岁就成了滑雪专家。通过电视观看到阿波罗 11 号登月后，他便梦想成为一名航天员，但加拿大没有航天员计划，因此哈德菲尔德决定改学飞机。

1978 年，哈德菲尔德加入了加拿大武装部队。20 世纪 80 年代，他主要为加拿大和美国军方驾驶战斗机和轰炸机。到 90 年代初时，他已经驾驶过 70 多种不同型号的飞机。

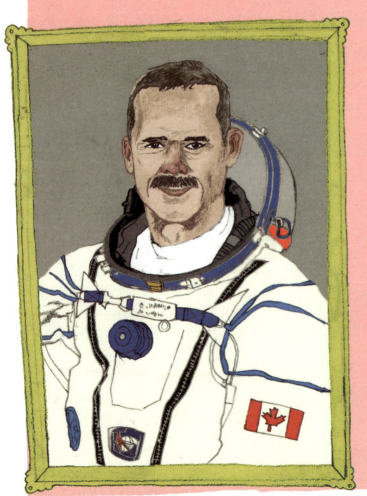

加拿大一启动航天员计划，哈德菲尔德就提出了申请。1992 年 6 月，他通过选拔，加入了美国国家航空航天局休斯敦航天中心的团队。他在那里做了许多工作，包括与航天飞机和国际空间站里的航天员进行沟通交流。

哈德菲尔德有过三次太空旅行经历。1995 年，他乘坐亚特兰蒂斯号航天飞机，与俄罗斯和平号空间站对接。2001 年，他乘坐奋进号航天飞机，向国际空间站运送了一个加拿大制造的新机械臂。在这次为期 11 天的任务中，他成了第一位进行太空行走的加拿大人。

哈德菲尔德最伟大的太空冒险始于 2012 年 12 月，当时他乘坐联盟号飞船升空，在国际空间站停留了五个月。在执行这个任务的过程中，他经常在互联网上分享他的太空生活，因而在全世界都小有名气。作为一名颇有成就的歌手和吉他手，他的空闲时间都用来演奏音乐。他在空间站录制的自己弹奏大卫·鲍依的《太空怪谈》的视频，获得了数百万浏览量。

　　从加拿大航天局退休后，哈德菲尔德开始写书、演讲，以及制作电视节目，讲述他做航天员时期的生活，以及那段经历教会他的东西。他认为，人生的旅程就好像宇宙飞船在太空中航行。你无法控制将要发生在你身上的事情，但你应该尽己所能，坚守自己所选择的道路。哈德菲尔德说，迷失方向比没有到达目的地更加糟糕。

学会团队协作

仅仅依靠自己的力量，航天员根本不能进入太空。他们需要与机组成员和任务控制中心密切合作。所有人必须目标一致，明确自己在团队中的角色和位置。

作为团队中的一员，你有时是领导者，有时则是执行者。每个航天员都有一套独特的技能。如果你对某种情况并不熟悉，那么最好听取更有经验的人的意见。但如果你知道该做什么，就可以担任领导者。领导团队的最好方式就是为其他人做好示范，并使特定行动目标达成一致。千万不要强迫别人执行你的决定。

在漫长的太空任务中，团队内部可能会产生紧张情绪，就像地球上的家人和朋友之间也会产生矛盾一样。好的团队成员总是会用他的同理心和幽默感来减轻团队中的负面情绪，并寻找解决冲突的最佳方法。

你可以和朋友尝试以下团建活动。

你在执行火星任务。由于机械故障，你被迫降落在离基地 80 千米的地方。你和其他队员只能从飞船上带七件物品返回基地，所以你必须选择哪一些是最重要的。首先，每个人可以复制一份清单。

物品	我的排序	团队排序
便携式避雨篷		
一盒火柴		
食物		
尼龙绳		
氧气罐		
星球图		
指南针		
水		
信号弹		
急救箱		
太阳能对讲机		
便携式加热装置		

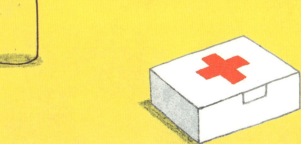

每位成员用数字 1 ~ 12（1 代表最高优先级物品）为每个物品排序。然后与其他成员分享你的想法和意见，最后统一所有人的想法，提出最终所有人都同意的排序。

有关火星任务的详细信息请查看 38—39 页。

飞向月球

航天局计划在月球开展新的载人航天任务，并最终建立月球基地。作为一名新晋航天员，你应该尽可能地了解地球唯一的天然卫星——月球，并思考在月球生存所需的技能和经验。

要在月球上建立大本营，你需要有空气、水、食物、能源和住所。

空气： 月球上土壤的含氧量约为 42%。利用热和电的简单反应，可以制备氧气。因此，你需要具备一些化学知识。

水： 月球上有水冰，主要分布在两极。充分发挥你的绘图和导航能力寻找水冰所在地，并利用你的采矿知识将其钻出。具备了一定的化学知识后，你可以把水分解为氧和氢，这两种元素均可供燃烧。

食物： 在国际空间站中，航天员会种植、食用生菜等绿叶蔬菜。在月球基地，可以通过在土壤中添加人类粪便来种植可食用植物。因此，你需要具备一些园艺和农业知识来确保食物供应。

能源： 月球的土壤中包含了制造太阳能电池板需要的所有材料。将太阳能电池板放在月球的两极，它们就可以接收太阳光，并源源不断地提供能量。此时工程技能便至关重要。

住所： 要在月球定居，人类就必须能免受太空辐射和陨星的伤害。起初，移居者可以住在充气住所里。之后，可以利用三维打印技术，将月球上的土壤打印成砖块，并将住所建造在悬崖下、洞穴中或古代火山形成的地下熔岩管内。此时，你需要具备一定的建造技能。

火星任务

未来，我们希望能将人类送上火星。作为将要执行火星任务的航天员，你必须接受良好的训练，为各种突发状况做好万全准备。因为火星距离地球很遥远，可能会出现很多问题。

作为一名火星航天员，你必须要意志坚定，因为这项任务需要几个月甚至几年的时间，你可能会感到孤独。或许，你要在沙漠或北极这样偏远的地方接受特殊的舱内训练，在那里，你会和其他队员一起不断适应孤独的生活。

要成为一名火星航天员，你需要练就足够的实操本领和智谋。如果一台重要的机器损坏了，你和同伴就必须要修好它，因为从地球送来新的替代品需要数月的时间。

同时，你也需要足够坚韧、灵活。火星上遍布冰冻的沙漠，温度比南极洲还低，没有空气，重力极小。火星表面长期被沙尘暴笼罩，浓厚的沙尘遮蔽了太阳光。除了穿着航空服执行户外任务，或是搭载工具车维修太阳板，抑或是开采燃料、水和氧气以外，其余时间你只能待在人工住所里。

同行的每位队员都将身怀绝技。因为火星任务不仅需要医学专家、工程师和技术人员，也需要火星岩石专家和外星微生物专家。

你想成为哪一种专家呢？

太空导航

未来某一天，我们可能会把航天员送入比太阳系更遥远的外太空。但如何才能找到通往其他星球的路呢？这需要具备特殊的导航技能，与我们在地球上使用的方法截然不同。

在地球上，你可以利用太阳或其他星体作为参照点来计算出你的位置和方向。但在太空中，没有固定的参照点，因为一切都在运动。你乘坐的宇宙飞船，连同你要去的行星或卫星，都可能会以每小时数千千米的速度移动。

只有计算机才能够进行如此复杂的计算，在每个特定时刻帮助确定你的位置。因此，计算机在太空旅行中必不可少，你只有具备优秀的信息技术技能，才能游刃有余地使用它。

在太空飞行过程中，你的飞船会经常被某个庞大物体的引力所牵引。这个物体可能是地球、其他行星、卫星或恒星。换句话说，你会一直在某个物体的轨道上运动。在出发之前，你必须计算出你飞船的"轨迹"，也就是飞船经过不同的轨道最终到达目的地所形成的航线。为此，你需要具备良好的力学和运动学知识。

发射后，飞船上的计算机将定期向地球上的导航员报告航天器的位置。如果你偏离了航线，导航员会告诉你用火箭助推器调整位置。

由于你会以超高速在太空中飞行，所以决定改变航向必须要果断，这就需要你能够快速思考并做出反应。

由此可见，想要在太空中不迷失方向，你需要有一定的计算机技能、物理知识和敏捷的头脑。

太空生活

在遥远的未来，我们可能会在绕地球的轨道上建造巨大的空间站"城市"，人们可以在那里永久居住，像外星人一样。思考需要一些想象力。你认为会面临的主要挑战是什么？

这些建在轨道上的城市具有人造重力，能够自给自足，食物、水和能源齐全。可能也会有农场、河流、房屋和花园。但是无论太空生活多么舒适，仍然会与地球有很大不同。

在另一个世界，你会在一个封闭的空间里度过一生，没有任何"外界"的概念。每24小时绕地球运行16圈，每90分钟昼夜交替一次，你对时间的感觉也会因此不同。那里的季节也是人为控制的，因此气候会很舒适。

居住在太空的你们很快会发展自己的文化、时尚、建筑、艺术和音乐。你们会对事物有自己的解释。最终，你们甚至可能形成自己的语言。生活在另一个世界，你能想出任何你可能会使用的词语吗？哪些词可能会从你的语言中消失？

地球将永远是你的"母星"，但最终，地球人会变得与你截然不同，更不必说你的那些在太空中出生和成长的孩子了。

想象一下，你居住的太空社区最终成为一个独立的国家。为它设计一面旗帜，创建一套法律吧。如果你灵感涌现，不如也为国歌填个词吧。

词汇表

登月舱：用于在月球表面和在轨航天器之间旅行的小型航天器。

对接：指一个航天器与太空中的空间站或另一个航天器接合。

辐射：以波或微粒形式释放的能量。

航天飞机：通过火箭发射的航天器，可以返回地球着陆。1981 年至 2011 年间，美国国家航空航天局利用航天飞机在地球和太空之间来回穿梭。

奖学金：因学业上的成就奖励学生的荣誉或款项，用于支持学生教育。

摩擦：一个表面在另一个表面移动时所受的阻碍。航天器重新进入地球大气层会遭受空气阻力，进而产生摩擦力。

随机应变：随着时机、情况的变化而灵活对待。在太空里，需要想方设法利用一切可用的资源来满足需求。

推进力：由喷口或火箭引擎产生的能推动飞船向前行驶的力。

微重力：极其微弱的重力，相当于在轨航天器所受的重力。

陨星：流星体经过地球大气层时，没有完全烧毁而落在地面上的部分叫作陨星，其中含石质较多或全部是石质的陨星叫陨石。

真空：没有空气或空气极少的状态或空间。

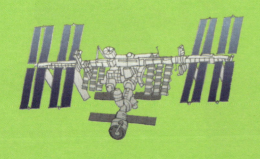

1. 不管你是否想成为航天员，你都需要有强健的体魄。不妨做个一周饮食锻炼计划（写上时间和食物内容），看看自己能不能坚持下来。

	周一	周二	周三	周四	周五	周六	周日
起床							
早餐							
学习							
午餐							
学习							
晚餐							
做作业							
锻炼							

食物参考：绿色蔬菜、鱼类、水果、鸡蛋、坚果和豆制品等。锻炼时间不要过长，锻炼强度要适度。

2. 在一张纸上尝试画出一幅火箭图，并标记各部分名称。

介绍一位你喜欢的航天员

姓　　名＿＿＿＿＿＿＿＿＿＿＿＿＿＿＿＿＿＿＿

出生年月＿＿＿＿＿＿＿＿ 国籍 ＿＿＿＿＿＿＿＿

兴趣爱好＿＿＿＿＿＿＿＿＿＿＿＿＿＿＿＿＿＿＿

主要成就＿＿＿＿＿＿＿＿＿＿＿＿＿＿＿＿＿＿＿

＿＿＿＿＿＿＿＿＿＿＿＿＿＿＿＿

＿＿＿＿＿＿＿＿＿＿＿＿＿＿＿＿

（可以是照片，也可以是肖像画）

关于他的一件事

＿＿＿＿＿＿＿＿＿＿＿＿＿＿＿＿＿＿＿＿＿＿＿＿＿＿

＿＿＿＿＿＿＿＿＿＿＿＿＿＿＿＿＿＿＿＿＿＿＿＿＿＿

＿＿＿＿＿＿＿＿＿＿＿＿＿＿＿＿＿＿＿＿＿＿＿＿＿＿

＿＿＿＿＿＿＿＿＿＿＿＿＿＿＿＿＿＿＿＿＿＿＿＿＿＿

＿＿＿＿＿＿＿＿＿＿＿＿＿＿＿＿＿＿＿＿＿＿＿＿＿＿

你最欣赏他的一点

＿＿＿＿＿＿＿＿＿＿＿＿＿＿＿＿＿＿＿＿＿＿

（粘贴相关报道或与之相关的照片）

＿＿＿＿＿＿＿＿＿＿＿＿＿＿＿＿＿＿＿＿＿＿

＿＿＿＿＿＿＿＿＿＿＿＿＿＿＿＿＿＿＿＿＿＿

太喜欢思考了！

给孩子解决问题的金钥匙

像工程师一样思考

THINK
LIKE AN
ENGINEER

[英] 亚历克斯·伍尔夫 著

[英] 大卫·布罗德本特 绘

曹琰 译

中信出版集团 | 北京

图书在版编目（CIP）数据

像工程师一样思考 / (英) 亚历克斯·伍尔夫著；
(英) 大卫·布罗德本特绘；曹琰译. -- 北京：中信出
版社, 2022.11
　（太喜欢思考了！）
　书名原文：Think Like an Engineer
　ISBN 978-7-5217-4666-2

　Ⅰ.①像… Ⅱ.①亚…②大…③曹… Ⅲ.①思维方
法—少儿读物 Ⅳ.①B804-49

中国版本图书馆CIP数据核字（2022）第153259号

像工程师一样思考

（太喜欢思考了！）

著　　者：[英] 亚历克斯·伍尔夫
绘　　者：[英] 大卫·布罗德本特
译　　者：曹琰
出版发行：中信出版集团股份有限公司
　　　　　（北京市朝阳区惠新东街甲 4 号富盛大厦 2 座　邮编　100029）
承　印　者：北京盛通印刷股份有限公司

开　　本：889mm×1194mm　1/16　　印　张：3　　字　数：60千字
版　　次：2022 年 11 月第 1 版　　印　次：2022 年 11 月第 1 次印刷
京权图字：01-2022-1954
书　　号：ISBN 978-7-5217-4666-2
定　　价：96.00 元（全 6 册）

出　　品　中信儿童书店
图书策划　红披风
策划编辑　郝兰
责任编辑　房阳
营销编辑　易晓倩　李鑫檀
装帧设计　颂煜文化
封面设计　谭潇

本书所述活动始终应在可信赖的成人陪伴下进行。可信赖的成人是指儿童生活中一位年龄超过 18 岁的人士，他可以让儿童感到安全、舒适并得到帮助，可以是父母、老师、朋友、护工等。

目录

什么是工程师？

工程师是设计和建造机器或工程来**解决**问题的人。例如，人们要花很长时间才能从一个地方到另一个地方。于是，工程师可能会发明机器来解决这个问题，比如自行车或汽车……

或者火车！

不同的问题需要不同领域的工程师：

- **土木工程师**建造道路、桥梁、隧道、公共建筑……
- **机械工程师**制造工具、发动机、机器……
- **电子工程师**制造电子设备。

想要成为一名工程师，你需要思维开阔、富有创造力、头脑灵活。你需要能在脑海中形成想法，在纸上画出项目图，并与他人交流。

住在河两岸的人遇到了一个问题。

我们得想个办法握手！

于是他们建桥，解决了问题。

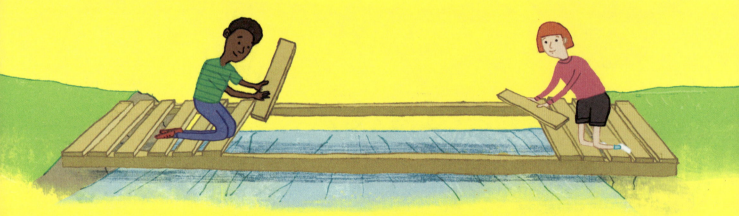

工程师通过一系列步骤来实现他们的解决方案。

1. 他们要清楚问题是什么。

2. 他们会设想一个解决方案。

3. 他们会设计、规划，并开始建造项目。

4. 他们会审查并改进项目。

你想成为一名工程师吗？你想成为能够设计并实施方案来解决日常问题的人吗？

如果你的答案是肯定的，那么请阅读这本书，开始训练你的大脑像工程师一样思考吧。

发现问题

在开始一个工程项目之前，你必须决定这个项目的具体方向。为此，你需要明确要解决的问题是什么。当然，并不是所有问题都能称为工程问题。

这个问题必须是通过建造某种工程或机器可以解决的。

例如，如果你总是起床太晚，你可以设计一个闹铃来解决这个问题。

但如果你总是感到疲惫，仅仅造一个工程或一台机器是很难解决你的问题的。

刚开始的时候，你可以寻找一些比较容易解决的问题。

例如，空气污染问题或许可以通过工程方案解决，但实施这个方案可能需要大量的时间和金钱。因此，我们最好从解决小一点的问题入手。

那么，如何才能发现从未有人解决过的问题呢？

不妨试着列出所有让你感到烦恼或困扰的事情。也可以问问朋友们的想法。以下一些建议也许能帮助你发现问题。

怎样才能把衣服上的猫毛清理干净呢？

如何才能找到胶带头？

火车站候车大厅中如果没有空座该怎么办？

陈述问题

　　一旦发现了问题，你还需要在**问题陈述**中描述你的问题。问题陈述是一段用来定义问题的文字，即对某个问题进行具体细致的描述。

定义问题为什么如此重要？

　　因为如果你不能清楚地定义问题，到最后你造出来的东西可能根本无法解决问题。

　　例如，你想固定一个不稳定的桌子，而你的解决方案是用纸板把桌脚垫平。但问题是，这张桌子在花园里。用纸板固定可能暂时有效，但一下雨就不行了！

　　如果在一开始就想到处理问题过程中的所有细节，你会更容易发现你的方案中还存在的缺陷了。

你的问题陈述应当能够回答以下几点：

- 是什么出现了问题？（X）

- 出现了什么问题？（Y）

- 为什么解决这个问题很重要？（Z）

问题陈述可以按照以下方式表达：

X 出现　　Y 问题　　是因为 Z。

在写问题陈述时，问自己以下几个问题：

- 该问题是否已经有解决方案？这些解决方案是否完全解决了这个问题？如何改进？

- 你有能力解决这个问题吗？

- 解决这个问题有趣吗？

高锟：光纤之父

高锟是一名电子工程师，也是光纤通信领域的先驱。光纤通信是指以光束形式沿着光学玻璃纤维（光纤）传输信息的方式。没有高锟，如今我们可能就无法进行高速通话，更无法高速接入互联网。

1933 年，高锟出生于中国上海。20 世纪 50 年代，他前往英国，首先在伍尔维奇理工学院（即今天的格林尼治大学）就读，后在伦敦大学就读，并成为一名电气工程师。

20 世纪 60 年代，高锟赴英国标准电信实验室工作，并加入了光纤团队。光纤领域的工程师遇到了一个难题：当光通过光纤传输时，光会越来越微弱。当时许多科学家认为，光在远距离传输时，就会出现这个现象，而这是由于散射效应引起的。

但是高锟坚信，这个问题是可以解决的。

他预言，有一天玻璃纤维可以用于远距离通信。很多专家不同意他的观点，他开始证明自己。

他认为，散射不是造成光变弱的原因，玻璃纤维中的杂质才是罪魁祸首。于是，他开始寻找更好的制造光纤的材料。

他参观了许多玻璃工厂，并与其他工程师和科学家交流。

1969 年，高锟和他的团队研发出了一种超透明玻璃。由这种玻璃制成的光纤的光损耗仅为每千米 4 分贝，而以前的光纤每千米损耗高达 1000 分贝。

高锟证明了长距离光纤通信是可能的。2009 年，他因此发现获得诺贝尔物理学奖，并于第二年获得了英国女王授予的爵士封号。2018 年，高锟在中国香港去世。

设想解决方案

在发现并陈述问题之后，你就可以开始尝试设想解决方案了。不要仅仅满足于想到的第一个方案。如果工程师只有一个解决方案，今天我们就不会有电话了。我们的交流方式可能是这样的……

你好。

你好？

问问自己：这个解决方案会有什么效果？完成后如何知道是否达到预期？

将所有**需求**列出来。

这些都是解决方案中需要涵盖的内容。

完成后，列出所有你会面临的约束条件，例如费用、时间、工具、设备和材料。

假设你遇到一个问题：你的**书包**很重，很难携带，而且总是很难立即找到需要的东西。

要解决这个问题，你首先要确定你的目标是什么。列出你的**需求**以及**约束条件**。

需求：书包必须美观、安全、轻便而且结实。

约束条件：资金或时间不够，工具和材料也有限。

接下来，尽可能多地列出或画出解决方案。

要记住：有时候你并不需要自己重新设计方案。你可以借鉴类似问题的解决方案来获取灵感。

头脑风暴

工程问题通常需要团队的共同努力。不同的人拥有不同的技能和独特的思维方式。相比单独工作，与他人合作通常会找出更好的解决方案。

与他人一起讨论解决方案的过程叫作**头脑风暴**。

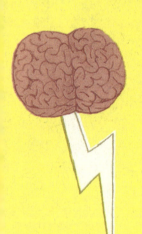

进行头脑风暴时，要与小组其他成员分享你的观点，但也要记得聆听他人的意见。当你给予和收到**反馈**时，要有**礼貌**，要尊重他人。要接受不同的意见，不要争论。**记住，所有的想法都该受到欢迎。**

往大处想！你能有多大的创造力？

试着来一次集体头脑风暴。想象一下，一条河上横跨了一座水坝。但有个问题：洄游的鱼不能再通过大坝继续往上游走了。

所有人分成三个小组。每个小组通过网络研究以下解决方案中的一个：

1. 阶梯形鱼道——鱼可以通过一系列台阶向上跳跃。

2. 升鱼机——鱼游到一个水槽中，然后被抬升到大坝上。

3. 鱼大炮——鱼通过建在大坝上的管道被射出去。

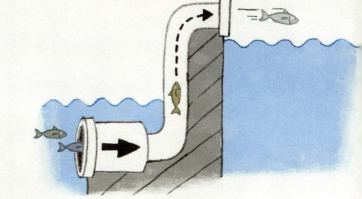

研究结束后，分组展示想法，并说明为什么可行。然后头脑风暴，提出最佳方案。

头脑风暴规则：

- 避免消极评论。
- 聚焦主题。
- 记录所有观点。
- 仔细聆听不插嘴。
- 借鉴他人观点。

不要害怕

头脑风暴时，你可能会感到害羞。但如果因为害羞而不愿分享观点是很吃亏的。你的某些绝妙的想法如果不去与人**交流**，就永远也不会被别人了解。

> 我不确定这个方法是否有效，但是……

人们不愿意分享自己观点还有一个原因，他们可能害怕犯错或害怕被嘲笑。但在头脑风暴阶段，没有人知道最佳方案是什么，因此也没有对错之分。

只有勇敢地把所有想法都拿出来接受检验，我们才能变得有创造力。

所有观点都是受欢迎的。

即使你提出的方案可能有些不切**实际**，那也不妨碍你分享你的观点。其他人或许可以对你的方案提出改善意见。通过与他人讨论，最终可能会出现一个实用的解决方案。

有时候，提出一个想法的最难之处是**选择恰当的词语**。可能你脑子里有这个想法，但却不确定该怎么表达。

为了让自己更自信，你不如试着先将想法**写下来**，这能使你在开始讨论之前做到心中有数。

或者你也可以把它画出来！

拆解
问题

如果你正为了寻找解决问题的办法绞尽脑汁，试着把问题**拆解**成一个个小问题或许会有所帮助。通过解决这些小问题，你就能解决大问题。

以自行车为例……

自行车是一个存在已久的问题——人们想要一种更快的移动方式——的解决方案。为了解决这个问题，工程师们必须解决几个小问题。

如何前进？

如何停止？

怎样上坡或下坡？

怎样才骑得舒适？

工程师会把一个问题拆解成几个独立的部分，再把它们结合起来看如何能帮助解决问题。这就是系统思维。

拿出任意一种棋盘游戏，并把它拆解成不同的部分。

色子——决定了玩家
在棋盘上的移动距离。

卡片——能为玩家指示游戏
过程中一些要做的事情。

棋盘——提供游戏的发生场所。

玩家棋——代表棋盘上的玩家。

观察游戏的不同部分如何相互协作来解决更大的问题——让人们体验游戏的快乐！

以下是另外一些问题的解决办法。
看看你能否将它们拆解成不同的部分。

书

车

吉他

城堡

玛格丽特·奈特：多产的发明家

玛格丽特·埃洛伊丝·奈特是一名美国发明家和工程师。她 1838 年出生于缅因州的约克，在新罕布什尔州的曼彻斯特长大。在曼彻斯特，她利用业余时间自制风筝和雪橇。接受基础教育后，年纪尚幼的她就进入一家棉纺厂工作。

12 岁时，奈特目睹了工厂里的一起事故：织布机里突然飞出一根尖尖的金属梭子，扎伤了一名工人。生来就具备工程师潜质的她发现了这个问题，便开始不眠不休地想办法解决。几周后，她开发出了一种安全装置，以防再次发生类似事故。

1867 年，奈特搬到了伊利诺伊州的斯普林菲尔德，在哥伦比亚纸袋公司找到了一份工作。第二年，她发明了一种机器，可以将纸张折叠并粘合在一起，做成平底纸袋。平底纸袋能保持直立状态，人们不用拿着袋子就能装取物品。在那之前，这种袋子只能手工制作。

后来，一个名叫查尔斯·安南的人抄袭了奈特的想法，想将这项发明占为己有。奈特在法庭上坚持自己的主张，并取得了最终胜利。1871年，她的发明获得了**专利**。随后，她成立了自己的纸袋制作公司。

奈特后来又陆续发明了新东西，包括取盖钳、编号机、缝鞋机、推拉窗、衣裙保护套、长袍扣和烤肉夹。她总共获得了27项发明专利，是美国历史上最多产的发明家之一。

奈特于1914年去世，享年76岁。2006年，她的名字进入美国发明家名人堂。她最初的制袋机模型仍在华盛顿特区的史密森尼博物馆展出。

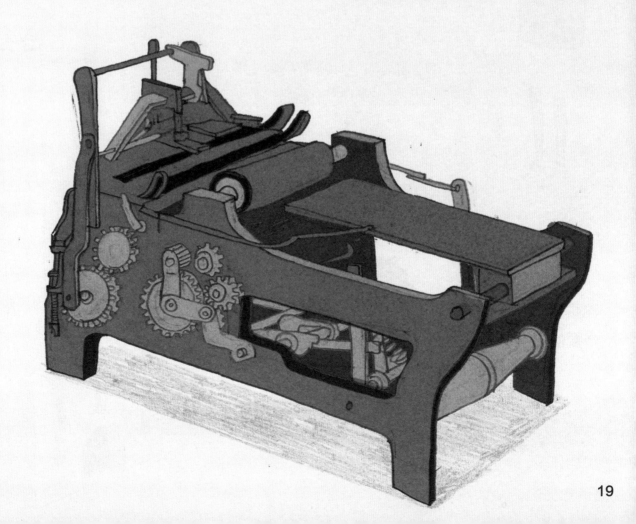

选择最佳解决方案

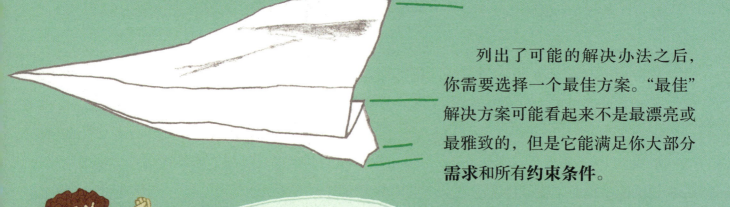

列出了可能的解决办法之后，你需要选择一个最佳方案。"最佳"解决方案可能看起来不是最漂亮或最雅致的，但是它能满足你大部分**需求**和所有**约束条件**。

谁会在意它看起来怎样，飞起来了就行！

它需要满足你所有的约束条件，因为那些条件你可能并不具备（例如材料）。

不是所有的要求都有同等的价值，有些必不可少，而有些则只是锦上添花。

塔楼不是必要的。

但有会更好。

问题

你想赢得一场造船比赛。

需求

评判标准包括船的**坚固程度**、**浮力**和**外观**。

约束条件

你要在**一小时**内用各种材料，如纸张、纸板、铝箔和木材等建好船。

想三个办法，然后填写下方的**决策矩阵**。

给每个**需求**和**约束条件**打分，分数为 0 ~ 5。把分数相加，找出哪一个方法"最好"。

跟你预期的一样吗？

需求和约束条件			
坚固程度	4	5	
浮力	3		
外观			
建造时间			

绘制项目图

在开始建造项目之前，你可以先将它**绘制**出来。画图是将你脑子里的想法与其他人分享的一种方式。如果仅用文字来表达，其他人可能永远也不能明白你的想法。

因此，想要像工程师一样思考，还要画图。一开始可以简单一点，注意大多数物体是怎样由**基本形状**组成的，例如圆形和正方形。如果你可以画出这些形状，那其他东西都不在话下。

在头脑风暴阶段你可能就已经尝试为你的项目绘制草图了，这是一个向人们展示你的想法的简易版本。最终确定项目之后，你需要绘制一个更加精确的版本。

在大张纸上绘制你的项目，要尽可能包含所有细节，这样其他人就可以看到它的不同组成部分。图画要**精准**并按照一定**比例**进行绘制，且应该包括**测量**和计划使用**材料**的有关信息。

你甚至可以创建**故事板**，也就是设备运行时的图画说明。

所有工程项目图都由一些**基本形状**组成，例如矩形、三角形和圆形。外出时带上你的画本，寻找物体中的基本形状，并将你看到的形状画下来。

23

尼古拉·特斯拉：交流电的开拓者

1856年，美国工程师、发明家尼古拉·特斯拉出生于塞尔维亚，家中共五个兄弟姐妹。他的母亲是他早期的启蒙者，她利用闲暇时间发明一些家用工具。他的父亲希望他将来成为一个牧师，但特斯拉立志要成为一名工程师。他学习工程学和物理学，但没有获得学位。1884年，特斯拉移居美国，为著名发明家托马斯·爱迪生工作。不久后，两人分道扬镳。

当时还是电力时代早期，工程师面临的一个问题就是如何进行远距离供电。特斯拉开发了交流电（AC）供电系统。他的想法得到了商人乔治·威斯汀豪斯的支持。他利用交流电系统建立了供电网络。

但这也使特斯拉和他以前的老板爱迪生处于竞争关系，因为爱迪生支持特斯拉的竞争对手提出的直流电（DC）系统。最终，特斯拉和威斯汀豪斯赢得了电流之战。我们至今仍在使用他的交流电系统。

特斯拉在职业生涯中，尝试过 X 光、无线电源和无线电通信实验。他发明了新的照明系统以及通过无线电控制的船。特斯拉能够非常精确地在脑海中描绘出他的工程想法，这种能力被称为"图像化思维"。他通常不绘图，而是通过记忆工作。这对大多数工程师来说是不可能的事情！

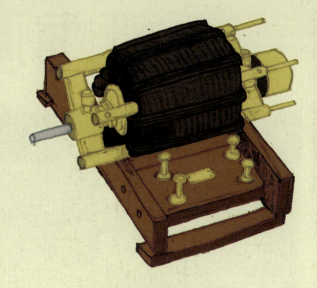

特斯拉的感应电机

无线电遥控船

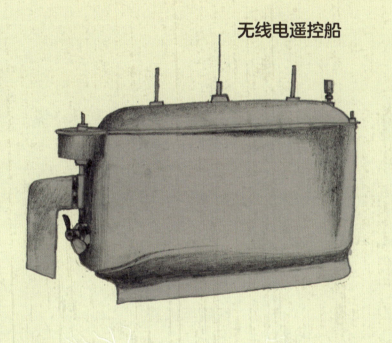

随着时间的推移，特斯拉的想法越来越古怪，越来越不切实际。他的晚年生活并不快乐。他患有精神疾病，孤苦无依，日子过得贫困潦倒。1943 年，特斯拉去世，享年 87 岁。然而，他卓越的工程想法却成为人类的遗产，永远传承。例如，他发明的特斯拉线圈至今仍应用于无线电技术中。

特斯拉线圈

规划项目

一旦完成项目绘图，你可能就迫不及待想要直接进入建造阶段，但在建造之前，你需要花费一点时间对项目进行**规划**。这一阶段至关重要。它是连接你图纸上的想法和成品之间的桥梁。

在规划阶段，你需要对工具、装备和材料进行组装和测试。

在这一阶段，你可能会意识到，不是所有你需要的东西都能用或用得起的，因此你还需要寻找替代品。这可能意味着要对设计做最后的调整。

纸质手提袋？

对你要使用的材料进行测试。它们会怎样应对压力？使用过程中材料会发生怎样的变化？

在全身心投入项目建设之前，你可以创建：

- **一个比例模型**（项目的微缩版本）
- **一个样品**（项目的便宜和粗糙版本）

建造一辆**螺旋桨驱动汽车**怎么样？列出你的需求。例如，你希望它快还是结实？绘制汽车的详细图纸，然后开始组装工具和材料。

建造第 28—29 页描述的汽车项目，你需要准备：

- 带钩的螺旋桨
- 车轮
- 吸管
- 木销钉（或竹签子）
- 木条
- 木制工艺块
- 长橡皮筋
- 曲别针
- 胶带
- 胶水

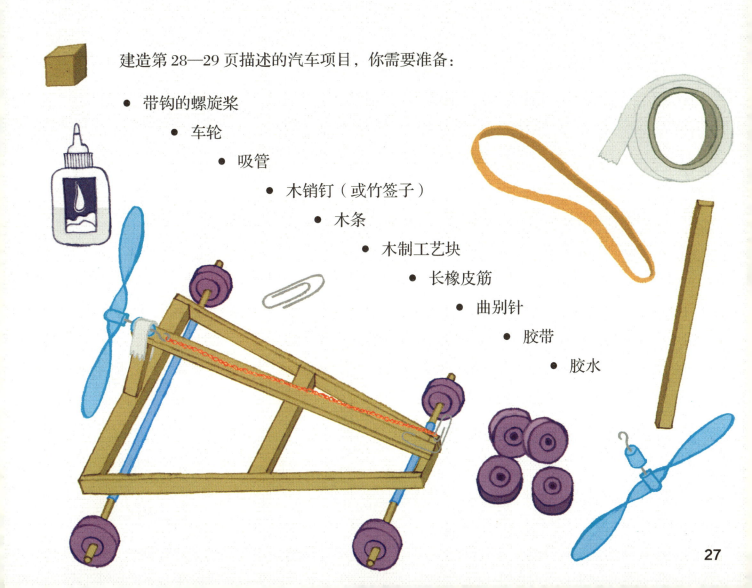

建造项目

现在你已经对你的项目进行了绘制和规划，是时候开始建造了！以下是制作**螺旋桨驱动汽车**的操作说明。

1. 用木条制作**底盘**。

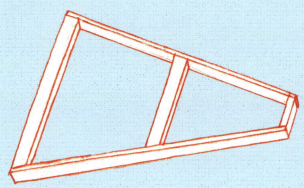

2. 将两个木**销钉**（作为车轴）各穿入一根吸管，并在两端各安装一个车轮，确保吸管将两个车轮分开。在每个销钉末端车轮的外侧缠绕胶带，以防止车轮掉落。把吸管粘到底盘上，并确保里面的销钉可以自由旋转。

3. 在另一根木条的一端粘上螺旋桨，另一端粘上曲别针。

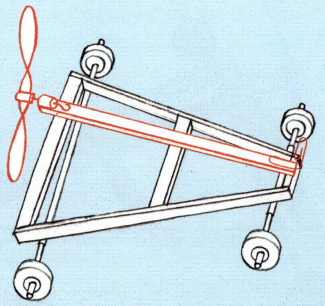

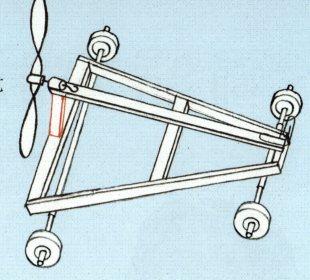

4. 将螺旋桨组件与木条的一端固定（木制工艺块可分割），使其以一定角度安装在底盘上。

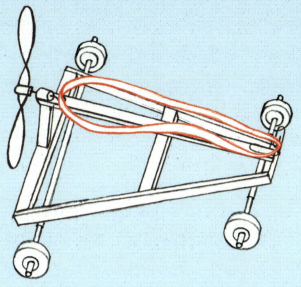

5. 在螺旋桨和曲别针之间挂一根橡皮筋。

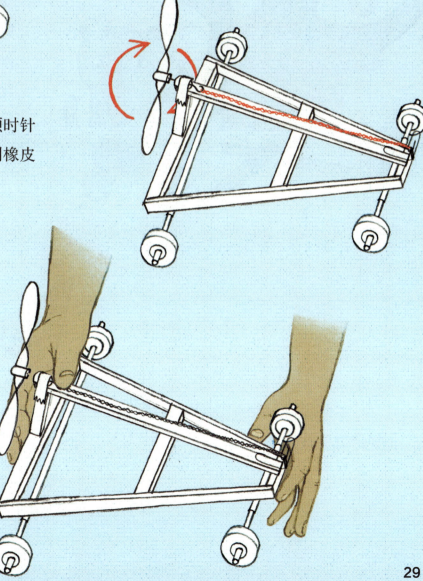

6. 将螺旋桨朝向自己，并顺时针旋转。多旋转几圈，直到橡皮筋被扭转绷紧。

7. 两只手拿稳小车，固定住螺旋桨，然后松手！

百折不挠

第一次尝试，项目多少会有些不完美，因此即使失败了也不要灰心。从规划到实施，你已经迈出了一大步。绘制项目时，你有没有被胶水粘到手上，或者工艺板损坏了？哈哈。

你可能会觉得自己不适合当工程师。这是封闭思维，而非成长型思维。记住，你的大脑一直在成长和变化。通过实践，你的工程技能会不断提高。

所以，不要在乎那些质疑你的消极声音。

不断尝试，你会变得越来越好。坚持就是胜利。

如果项目失败了，你可能会想要即刻开始想办法弥补。但如果你心情沮丧，那么这可能不是解决问题的最佳时机，甚至可能让问题变得更加糟糕。

不妨休息一下！把项目放在一边，去做一些完全不相关的事情。你知道怎样能让自己冷静下来。

沉思、听音乐或**读书**都是不错的调节方式。

锻炼更是绝佳的选择。心跳加快时，会有更多氧气被输送到大脑，让大脑充满活力。

等再回过头来，你可能会有一个更好的心态来处理这个问题。

审查项目

一个项目完成后，你可能会将它搁置在一边，接着去做别的事情。不要太着急。优秀的工程师总会继续审查他们的项目。你的项目可能一开始运作良好，但它是否可以一直保持这种状态呢？

只有测试才能知道答案！

工程师不会轻易自我满足。他们要确保项目能久经考验。

在不同的情况和条件下测试你的项目。你的汽车模型能平稳行驶吗？它在颠簸、湿滑或倾斜的路面上表现如何？

如果你发现了一个问题，但无法找到原因，你可以试着小心将其拆开，找出问题的原因。解决问题后，再将它重新组装起来。

这叫作逆向工程。

　　测试你的螺旋桨驱动汽车，列出你能做的所有改进。它在多大程度上满足了项目的初始**需求**？

　　如果行驶不顺畅，检查销钉（轴）是否完好无损，或者橡皮筋是否缠绕正确。

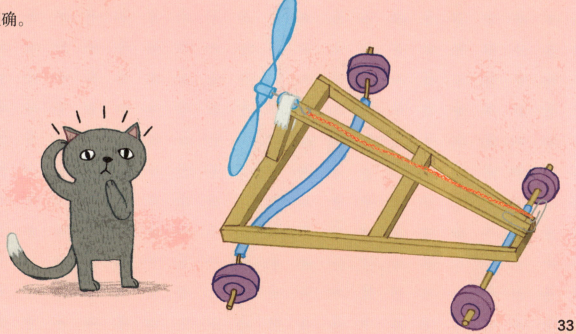

艾米莉·罗布林：桥梁建造师

艾米莉·沃伦·罗布林是一名工程师，她帮助建造了纽约最著名的地标建筑之一——布鲁克林大桥。她 1843 年出生于纽约冷泉，是 12 个孩子中的老二。十几岁时，她搬到了华盛顿特区，并接受了良好的教育。

1864 年，她遇到了一个名叫华盛顿·罗布林的土木工程师。第二年，他们结婚了。华盛顿的父亲约翰当时正在参与布鲁克林大桥的初建工作。完工后它将成为当时世界上跨度最长的**悬索桥**。

从一开始，艾米莉就对这个项目有着浓厚的兴趣。婚后的一次欧洲旅行中，艾米莉和华盛顿对沉箱进行了研究。沉箱是一种防水结构，可以让工人进入河中建造桥基。1869 年，约翰在一次事故之后丧生，华盛顿接替他成为布鲁克林大桥项目的首席工程师。

1872 年，华盛顿病重，无法继续工作，于是艾米莉接手了他的工作。起初，她只在工地充当华盛顿的发言人，代为传达他的指示。随着时间的推移，她对大桥建造的深刻理解让人们开始接受她作为名义上的总工程师。1883 年 5 月，大桥正式开通的那天，艾米莉成为第一个穿过大桥的人。

　　布鲁克林大桥工程结束后，艾米莉在新泽西州特伦顿监督建造了一座新的罗布林家族宅邸。她晚年旅行、讲学，为其他事业奔走呼号。她于 1903 年去世，享年 60 岁。在艾米莉生活的时代，人们普遍认为只有男性才能胜任工程师一职，所以她必须格外努力才能获得尊重。艾米莉证明了只要态度正确，任何人都可以成为工程师。

改进项目

　　工程师天生就是**修补匠**。要想像工程师一样思考，你需要时刻关注你和他人一起完成的项目，并对其进行**修缮**和**改良**。即使你的项目已经证实有效，这也不妨碍你能做得更好！

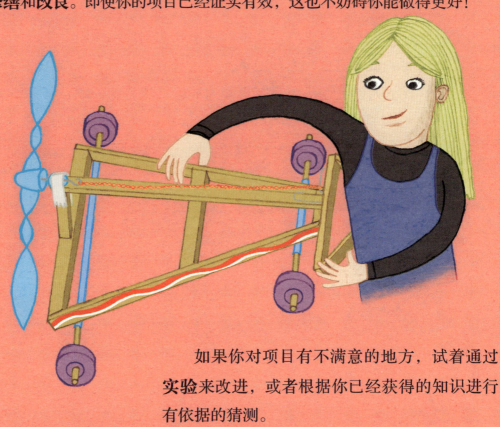

　　如果你对项目有不满意的地方，试着通过**实验**来改进，或者根据你已经获得的知识进行有依据的猜测。

　　每次调整的时候，不断测试或重测你的项目。把你的观察结果记在设计本上。

　　尝试将项目的运动过程拍成视频，然后慢速播放，以便更清楚地发现问题所在。比较你和朋友所做的类似项目。你能从对方身上学到什么？

试着改进你的螺旋桨驱动汽车。再次确认你的**需求**。你是希望它更**稳定**还是更**快**?

如果你想让它更**稳定**,可以试着加宽底盘,这样它就更不容易翻倒了。

如果你想让它更**快**,就试着旋紧橡皮筋给它更多的力量。

如果再加一条橡皮筋会怎么样?

记住:动力过大可能
会导致汽车失控!

升级改造

不是每个物体都需要用新材料重新制作。有时你可以对一个为某个目的设计的物体进行**改装**，使其适合另一个目的。

这就是升级改造！

对地球来说，这是个好消息，意味着我们丢弃的垃圾会越来越少。

升级改造有助于开发你的**工程想象力**，因为你有了将日常物品作为建造新项目所用材料的意识。

下次你打算扔掉衣架、曲别针、衣架、鞋盒、棒棒糖的棒、气球或乒乓球时，想想能不能对它们进行改造。

你能想办法对它们进行升级改造吗？

在对任何东西进行升级改造前，请获得父母或监护人的许可。

对一个物品进行升级改造有时并不简单。它可能需要你进行拆解、绘画或重塑。

一个普通的塑料瓶，通过改造，你能让它有多少种用途？

混水器

喂鸟器

盆栽自动浇水瓶

你能把塑料瓶改装成以下一种吗？

- 笔筒
- 花瓶
- 风铃
- 花园洒水器
- 手机支架
- 玩具火箭

开始之前，绘制项目图，并准备所需的工具和材料。然后就开始工作吧！

了不起的工程师

工程师塑造了我们的世界，拓展了可能的边界。他们观察我们面临的问题，并针对问题设计解决方案，以实现更大的可能性。想想我们平时面临的一些问题，它们是如何得以解决的。

雨伞——用于遮雨。

耳机——用于听音乐。

卫星导航手机——用于寻找路线。

订书器——用于将纸张装订在一起。

可折叠自行车——可以将其装进汽车。

工程师永远不会满足于现有的解决方案，而是在不断努力寻找改进方法。这就是为什么我们的自行车越来越轻便，电脑越来越先进，手表越来越精准，手机越来越纤薄，耳机也从有线变为无线。

在日常生活中，想想你使用的物品，从手机充电器插座到装三明治的气密容器。记住：它们曾经也是亟待解决的问题。工程师必须设想一个解决方案，然后设计和制造它。

甚至像椅子、帽子、鞋子和灯罩这样简单的物品背后，也隐藏着创造力和想象力不断发展的历史。

当新的挑战出现时，我们需要工程师。他们可能需要设计功能更强大的面罩来保护人们不受传染病的威胁，建造和改良防洪工程，或者因气候变化不得不寻找更经济的利用可再生能源的方法。

不管问题是什么，工程永远是解决方案的一部分。

你能行！

你是一个想象力丰富、乐于解决问题的独立思考者吗？你是否受到启发，萌生了提出创造性解决方案以改善人们生活的想法？如果是，工程工作非你莫属！

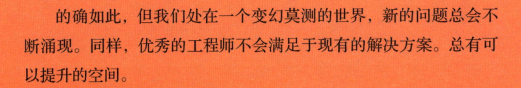

但我可以解决什么问题呢？现在我们身边似乎有着各种各样的机器和设备！

的确如此，但我们处在一个变幻莫测的世界，新的问题总会不断涌现。同样，优秀的工程师不会满足于现有的解决方案。总有可以提升的空间。

当你开始新的一天时，你使用的物品有哪些困扰你的事情，将问题列出来。如何改进？将你的想法记录在笔记本上。

你想怎样塑造未来世界呢？你希望生活在怎样的世界中？那个世界会需要哪些机器？需要什么样的建筑？

开阔你的思维，用独到的眼光看待问题，你可以想出别人想不到的解决办法。你只需要**想象**、**坚持**和**投入**。

现在你已经读完了这本书，拥有了开始像工程师一样思考所需的所有信息。为什么不试着今天就设计和建造一个项目呢？

工程世界在等着你。

词汇表

比例：某物与整体相比的大小等；"按比例"是指一个物体每个部分的大小与其他部分和整个物体之比相适宜。

底盘：汽车或其他轮式车辆的底座。

反馈：对一个想法或建议的反应。

分贝：用来计量电信号功率和声音水平的单位。

故事板：用来显示物体动作的一系列图画。

决策矩阵：一种按行和列排列的图表，可以帮助决定一系列选项中的最佳选项。

审查：对某些东西进行检查，看是否正确。

梭子：用于纺织的带有两个尖头、中间粗的机件，用来装纱线。

销钉：建造模型时常用的细木棒。

修改：对某事做小的或微小的改变。

需求：需要或想要的东西。

悬索桥：一种桥，桥面的质量由垂直缆索支撑，这些缆索悬挂在塔之间的其他缆索上。

约束条件：限制你的东西，如时间或材料的可用性。

织布机：通过编织纱线来制造织物的机器。

专利：授予某人的官方许可，使其具有制造和销售其发明的唯一权利。

组装：把零件组合起来。

1. 小明每次骑自行车出门，都喜欢把保温杯放在车筐里，但这样做杯子总是会被磕碰掉漆，遇到碎石或坑洼时，杯子还会弹出来，你能帮小明解决这个问题吗？

首先，陈述要解决的问题。

_____

其次，列出目标。

_____

然后，列出需求以及约束条件。

_____

_____

现在，请写出或画出解决方案。

_____

_____

2. 写出你目前面临的一个难题，并尝试提出解决方案。

_____

_____

_____

介绍一位你喜欢的工程师

姓　　名＿＿＿＿＿＿＿＿＿＿＿＿＿

出生年月＿＿＿＿＿＿ 国籍 ＿＿＿＿＿＿

兴趣爱好＿＿＿＿＿＿＿＿＿＿＿＿

主要成就＿＿＿＿＿＿＿＿＿＿＿＿

＿＿＿＿＿＿＿＿＿＿＿＿＿＿

＿＿＿＿＿＿＿＿＿＿＿＿＿＿

（可以是照片，也可以是肖像画）

关于他的一件事

＿＿＿＿＿＿＿＿＿＿＿＿＿＿＿＿＿＿＿＿＿＿＿＿＿＿

＿＿＿＿＿＿＿＿＿＿＿＿＿＿＿＿＿＿＿＿＿＿＿＿＿＿

＿＿＿＿＿＿＿＿＿＿＿＿＿＿＿＿＿＿＿＿＿＿＿＿＿＿

＿＿＿＿＿＿＿＿＿＿＿＿＿＿＿＿＿＿＿＿＿＿＿＿＿＿

你最欣赏他的一点

＿＿＿＿＿＿＿＿＿＿＿＿＿＿＿＿＿＿＿＿

（粘贴相关报道或与之相关的照片）

＿＿＿＿＿＿＿＿＿＿＿＿＿＿＿＿＿＿＿＿

＿＿＿＿＿＿＿＿＿＿＿＿＿＿＿＿＿＿＿＿

太喜欢思考了！

给孩子解决问题的金钥匙

像程序员一样思考

THINK
LIKE A
CODER

[英] 亚历克斯·伍尔夫 著

[英] 大卫·布罗德本特 绘

李玮 译

中信出版集团 | 北京

图书在版编目（CIP）数据

像程序员一样思考/（英）亚历克斯·伍尔夫著；
（英）大卫·布罗德本特绘；李玮译. -- 北京：中信出
版社, 2022.11
（太喜欢思考了！）
书名原文: Think Like a Coder
ISBN 978-7-5217-4666-2

Ⅰ.①像… Ⅱ.①亚…②大…③李… Ⅲ.①思维方
法—少儿读物 Ⅳ.①B804-49

中国版本图书馆CIP数据核字（2022）第153262号

Train Your Brain: Think Like a Coder

First published in Great Britain in 2021 by Wayland

Copyright © Hodder and Stoughton Limited, 2021

Series Designer: David Broadbent

All Illustrations by: David Broadbent

Simplified Chinese translation copyright © 2022 by CITIC Press Corporation

ALL RIGHTS RESERVED

本书仅限中国大陆地区发行销售

像程序员一样思考

（太喜欢思考了！）

著　者：［英］亚历克斯·伍尔夫
绘　者：［英］大卫·布罗德本特
译　者：李玮
出版发行：中信出版集团股份有限公司
　　　　　（北京市朝阳区惠新东街甲4号富盛大厦2座　邮编　100029）
承 印 者：北京盛通印刷股份有限公司

开　本：889mm×1194mm　1/16　　印　张：3　　字　数：60千字
版　次：2022年11月第1版　　　　印　次：2022年11月第1次印刷
京权图字：01-2022-1954
书　号：ISBN 978-7-5217-4666-2
定　价：96.00元（全6册）

出　品　中信儿童书店
图书策划　红拔风
策划编辑　郝兰
责任编辑　房阳
营销编辑　易晓倩　李鑫橦
装帧设计　颂煜文化
封面设计　谭潇

本书所述活动始终应在可信赖的成人陪伴下进行。可信赖的成人是指儿童生活中一位年龄超过18岁的人士，他可以让儿童感到安全、舒适并得到帮助，可以是父母、老师、朋友、护工等。

目录

你会成为一名程序员吗？

你有没有想过计算机是如何工作的？

你在搜索引擎中搜索天气预报时，或者游戏里的人物因为你点击了一下按钮就开始在屏幕上移动时，你有没有想过，这些都是如何实现的？

计算机会自主思考吗？

> 在我看来，
> 计算机不会……

计算机是遵循**程序员**所编写的一系列指令运行的。程序员使用计算机可以读懂的特殊语言编写这些指令。

```
<def> es x *:- [0]i(as):C
- <title>
post' =%s"}at
else:
=%(nodename):[]
forin name=app
<meta ="descrip" />
```

与人类语言相比，计算机语言可能看起来有点奇怪，因为它是由数字、符号和一些奇怪的单词组合而成的。

你要是学会了使用机器语言，你就能够成为一名程序员，而且还会非常抢手。程序员们创造了电子设备里花样繁多的信息网站、社交媒体和音视频应用程序等。

你要是学会了编程，还可以从事与科技相关的工作，创造出我们每天在电子设备上使用的各种程序，或给由计算机控制的机器编写代码。厨房电器、闹钟、智能电视、交通信号灯、汽车以及电梯……这些都需要程序员编写程序，甚至火星车的程序指令也是程序员编写的。

前进！

停止！

拍照！

发送给地球！

你想要成为一名程序员吗？你想要成为给计算机编写任务指令的人吗？

如果你的答案是"想"，那么请你仔细阅读本书，这本书会告诉你如何像程序员一样思考。

学习与计算机对话

如果你想和计算机交流，你首先应该知道，计算机只能弄懂 1 和 0。

计算机里能包含数十亿个名为**晶体管**的微型器件。

这些晶体管是控制电流的开关。

只有开关开启的时候，电流才能通过。在计算机语言中，开启表示为数字 1。

当开关闭合的时候，电流受阻无法通过。
在计算机语言中，闭合表示为数字 0。

二进制代码是只由 0 和 1 组合而成的体系，也就是**机器语言**，这是计算机语言中最基本的内容。

不过，用机器语言写程序的速度非常慢！

所以，程序员通常都使用**高级语言**进行编程。

与机器语言相比，高级语言贴近人类语言，写起来速度更快。计算机通过将高级语言转换为机器语言来理解程序指令。

计算机接收的数据都是由 0 和 1 记录而成的。一位二进制数据也称作 1 **比特**（bit）。8 比特为一组构成了 1 **字节**（byte）。

字节是最小的数字信息单位。例如，每个英文字母都可以用 1 字节来表示。

以下是 26 个大写英文字母的二进制码：

A	01000001		
B	01000010		
C	01000011		
D	01000100		
E	01000101	N	01001110
F	01000110	O	01001111
G	01000111	P	01010000
H	01001000	Q	01010001
I	01001001	R	01010010
J	01001010	S	01010011
K	01001011	T	01010100
L	01001100	U	01010101
M	01001101	V	01010110
		W	01010111
		X	01011000
		Y	01011001
		Z	01011010

试试用二进制码写出你名字的全拼吧。

精确表达

这不是什么难事！

学习编程简直是小菜一碟！

同计算机交流可跟与朋友聊天完全不同。我们日常说话所用的字词都是彼此能够理解的，不过计算机却无法理解这些。

计算机的**逻辑**非常严谨。一串代码只能表达一个意思，不会模棱两可。

所以，如果你想要成为一名程序员，就需要学习与人类完全不同的交流方式。而且你的表达需要非常**精确**才行。

在编程的时候，你要确保自己使用的字符、符号包括空格是正确的。哪怕你只漏掉了一个代码，比如 (、"、{ 这样的符号，又或者是 **IF** 之类的语句，计算机也无法理解你的指令，更别说知道你想让它做什么了。

想做到精确可不是一件容易的事。因为在初学者眼中，代码就是一串乱七八糟的字符。

你想看看代码吗？如果你的电脑是 Windows 系统的话，那就随便打开一个网页，同时按下 Ctrl 和 U 键；如果你的电脑用的是 Mac 操作系统，那就试试同时按下 Option、Command 和 U。

你看到的就是网页的源代码。

这些代码告诉你的计算机，页面应该是什么样子的，还有应该包括哪些内容。

你想试着亲手编写一些简单的代码吗？

现在有很多简易编程软件或网站，快去找来试试看吧。

通过编程可以实现预定目标，比如移动字母的位置，并改变字母字体的大小。

请注意，如果你不小心犯了个小错，比如在本该输入数字的地方却输成了字母，那么计算机是无法理解你的指令的。

所以，编程的时候一定要非常非常仔细，表达越精确越好！

艾达·洛芙莱斯：编程先锋

虽然洛芙莱斯生活在计算机诞生前的一个世纪，不过她可是计算机编程的先锋。1815年12月10日，洛芙莱斯出生于英国伦敦，她的父亲（著名的诗人拜伦）在她仅一个月大的时候就同她们母女二人分开了。洛芙莱斯的母亲安妮·米尔班奇是一位非常聪慧的女性，擅长数学。

在洛芙莱斯那个时代，大多数女孩都没有上过学。不过洛芙莱斯的母亲非常富有，完全负担得起请家庭教师的费用，因此洛芙莱斯接受了非常良好的教育。在洛芙莱斯17岁时，她认识了剑桥大学卢卡斯数学讲座教授查尔斯·巴贝奇。洛芙莱斯听说巴贝奇正在研究一种叫作差分机的蒸汽驱动计算机，她对这一研究非常感兴趣。她想知道这台机器是如何运转的，因此向巴贝奇要来了设计样稿。

1834年，巴贝奇开始研究一个新的项目——**分析机**。这台机器可算得上是世界上第一台可编程的计算机了。洛芙莱斯读了一篇有关这台机器的论文，这篇法文论文引起了她的兴趣。她将这篇论文从法文翻译成英文，并将自己的注解标注在论文中。最后，洛芙莱斯版本的论文页数竟然比原版论文多出三倍！

在论文中，她用数学的方法展示分析机是如何进行计算的。她还使用了世界上第一套**算法**——也叫作计算机的指令集。这一算法对分析机进行了编程，以便计算出一列伯努利数。正因如此，洛芙莱斯也被认为是世界上第一位计算机程序员，虽然她的想法在很大程度上受到了巴贝奇研究的启发。

洛芙莱斯是第一个意识到分析机可以超越纯计算的人。她知道万事万物都可以转换为数字，她还预言未来的某一天计算机可能会做计算之外的其他工作，比如谱曲。

洛芙莱斯能成为计算机的先锋是因为她具备三个重要的特质：逻辑思维能力、专业的知识，以及丰富的想象力去预见自己所创造机器的未来。巴贝奇称她为"数字精灵"。洛芙莱斯于 1852 年 11 月 27 日去世，还不到 40 岁。

分析机

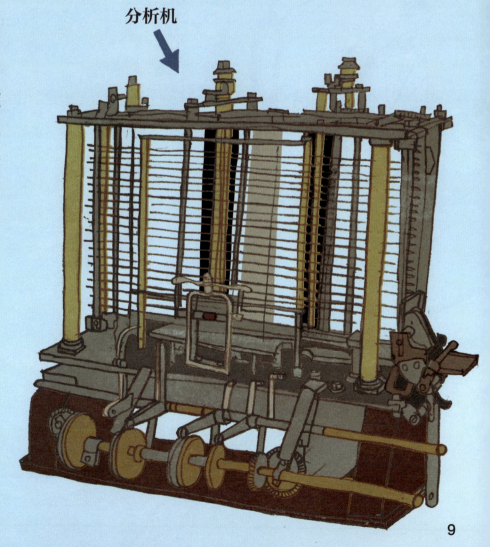

充满创造力

编程不仅仅是编写代码，还需要具有创造力。程序员通过编写计算机程序来解决问题，并让我们的生活更加便捷和有趣。这也意味着你需要充分发挥你的创造力。

我如何才能创造性地思考呢？

不妨先试着解决一个你一直想解决的问题吧。有没有什么事情一直困扰着你，而这个事情正好可以通过一个新的计算机应用程序来解决呢？什么应用程序可以让你的生活更加便捷美好呢？

在决定编写程序之前，你需要了解用户的需求是什么。和你的朋友们聊一聊，看看他们最喜欢用计算机做什么。

有一种方法可以让你在创造性思考的同时获得乐趣。

使用一款写作应用程序——越复杂的越好。在使用的过程中，列出所有你喜欢的地方，再列出你想改进提升的地方。

将你的分析分门别类，以便整理你的头绪。

课程和界面：这款应用程序的课程是否丰富有趣，界面是否吸引人？

层级设置：这款应用程序的层级是否让你觉得充满挑战？层级是否具有多种维度？

再次使用价值：这款应用程序是否让你想再次使用？

想要像程序员一样思考，那就试着想象如何改进你所使用的写作应用程序吧。

收获乐趣

要想成为一名程序员，你需要学习**编程语言**。就像学习外语一样，学习编程语言也需要时间和毅力。

呼！真不容易啊！

用对了方法的话，编程学起来就没有那么难了。

首先，选择一门简单的，可以满足你需求的编程语言。下面几种都是简单易学的编程语言。

Python： 用于网页、手机应用及游戏。

JavaScript： 用于开发网页、手机应用及游戏中的交互元素。

Java： 用于网页、手机应用及游戏。

HTML： 用于开发网页。

Ruby： 用于网页。

当你开始学习编程语言的时候，何不试着把学习过程当成一种自我挑战？给自己设置每日学习目标，然后看看你是否能够完成这些目标。

测验自己所学的内容。

试着和朋友一起学习，这样学习的过程会更加有趣。

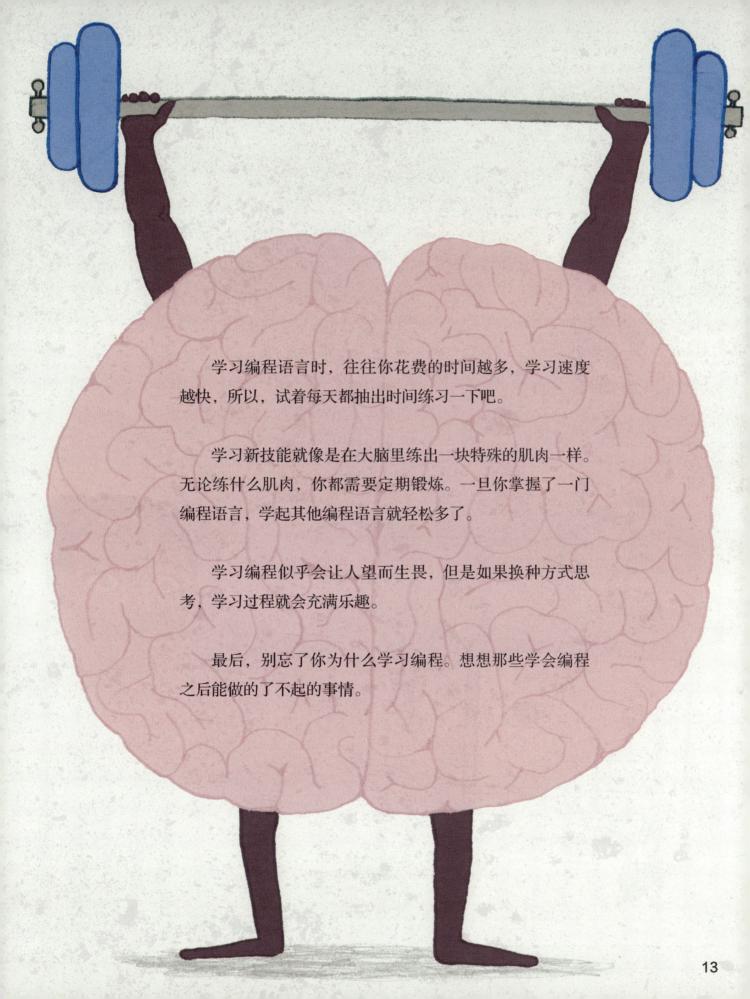

学习编程语言时，往往你花费的时间越多，学习速度越快，所以，试着每天都抽出时间练习一下吧。

学习新技能就像是在大脑里练出一块特殊的肌肉一样。无论练什么肌肉，你都需要定期锻炼。一旦你掌握了一门编程语言，学起其他编程语言就轻松多了。

学习编程似乎会让人望而生畏，但是如果换种方式思考，学习过程就会充满乐趣。

最后，别忘了你为什么学习编程。想想那些学会编程之后能做的了不起的事情。

分解步骤

你不理解我!

在编程中，理解计算机如何"思考"是非常重要的。当然了，实际上计算机是无法思考的——它们只是遵循指令操控0和1。因此对于人类而言，计算机有时候看起来头脑简单。

计算机无法突破"理解"这一障碍。所以在编写代码时，你需要将对人类来说极其简单的任务分解为非常细小的步骤。

如果有人让你画一栋房子，你会说：

这太简单了!

可是，计算机却需要理解什么是纸，什么是笔，如何握笔，以及使多少力。这些还只是向计算机解释"什么是房子"之前的步骤!

上楼梯也是如此。人见到楼梯，不用多想就知道如何走上去，机器人则需要遵循指令。现在，试着想象如何编写出一段程序，让机器人走上楼梯。我们需要将上楼这一步骤分解。你的第一条指令应该是——

将你的左脚放置在第一级台阶之上。

不过，机器人或许会先将它的左脚从腿上分离下来，然后将脚放置在台阶上。毕竟你可没有告诉它不能这么做！而且，机器人如何知道第一级台阶有多高呢？你的指令应当包括测量出的台阶高度。

想想另一件简单的任务吧，例如做三明治或者穿鞋。

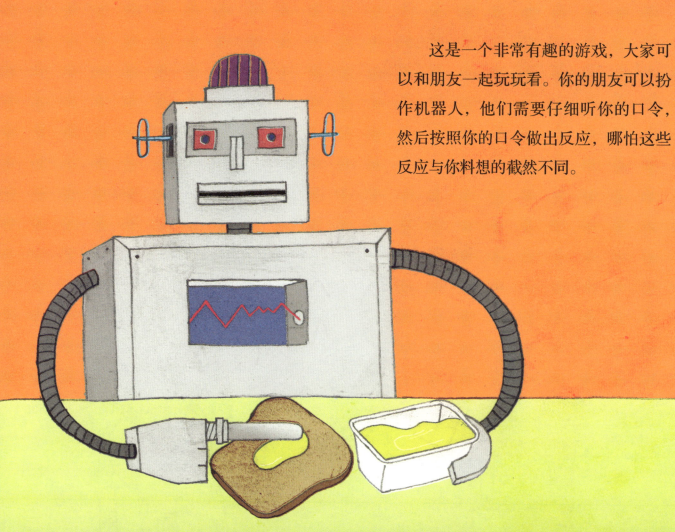

这是一个非常有趣的游戏，大家可以和朋友一起玩玩看。你的朋友可以扮作机器人，他们需要仔细听你的口令，然后按照你的口令做出反应，哪怕这些反应与你料想的截然不同。

学习规则

如同人类语言，编程语言也有自己的规则，这些规则统称为**语法**。语法规定了你必须如何使用文字和符号。编程语言的规则都大同小异，所以一旦你掌握了其中一套规则，你会发现学习其他编程语言也格外简单。

在开始编程之前，不要因为要学完所有的规则而担忧。

那会不会非常无聊？

在开始之前，我们最好先学习一些编程规则。编程是一门实践技能——有点儿像拉小提琴。往往你投入得越早，你学会得就越快。

编程不是一件死记硬背的事情,这是一门需要学习的技能。
而唯一学好编程的方法就是反复练习。
学习编程的方法也因人而异。

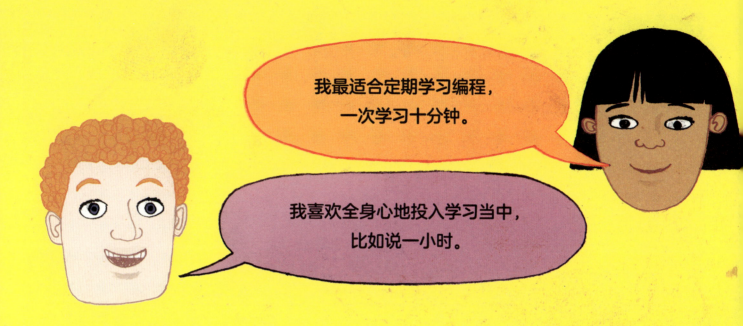

我最适合定期学习编程,
一次学习十分钟。

我喜欢全身心地投入学习当中,
比如说一小时。

有人擅长小组学习,而有人擅长独自学习,选择适合你的方式学习就好。

如果你在学习编程的过程中遇到了问题,别担心,打开浏览器,你可以边学习边查阅资料。

别担心,
我很容易掌握的。

你准备好开始学习了吗?访问相关网站。你能在这些网站上找到编程语言的学习教程,例如 Python。
阅读教程,然后开始做些练习吧。

格蕾丝·霍珀：早期程序员

1906年12月9日，计算机先锋格蕾丝·霍珀出生于美国纽约。她在大学学习数学和物理。1934年，她在耶鲁大学取得了数学博士学位，成为第一位获得如此成就的女性。

1941年后，美国参加二战，霍珀加入美国海军，成为一名中尉。她加入哈佛大学的研究小组，开始为马克-1计算机编制程序，这项研究所涉及的计算是最高机密，对战事至关重要。他们计算出了导弹的路径以及高射炮的射程。

二战后，霍珀继续留在哈佛大学工作，为更加先进的马克-2和马克-3计算机编制程序。在一只飞蛾飞进了马克-2计算机并引发了电气故障之后，她顺势普及了"错误"（bug）这一术语。bug本意指虫子，霍珀用来指计算机中存在的故障。后来，霍珀在日记中写道："这是在计算机里发现的第一个虫子的案例。"

1952年，霍珀编写了世界上第一个**编译器**，它是一个可以将数学代码转换为机器代码（二进制）的程序。这是现代编程语言发展至关重要的一步。

霍珀热衷于鼓励非数学家投入计算机的研究。1953 年，她提议用非数学符号来编写计算机程序，但一些专家告诉她，她的想法是行不通的，可是霍珀坚持己见。

　　直到 1956 年，她的团队创造出了世界上第一套基于普通英文单词的编程语言——Flow-Matic 语言。1959 年，她和团队开发出了世界上第一套广泛使用的编程语言——Cobol 语言（通用商业语言）。

　　60 岁时，霍珀重返美国海军。在那里，她继续从事计算机语言方面的工作，她的同事都称她为"了不起的格蕾丝"。1986 年，她才正式退休。

　　1992 年 1 月 1 日，霍珀逝世。虽然她曾学习过专业的数学知识，但使她成为一名伟大程序员的是，她激励了无数非数学家投身于计算机的研究工作。霍珀通过在编程中引入常用语言，帮助计算机向更广阔的用户群体开放。

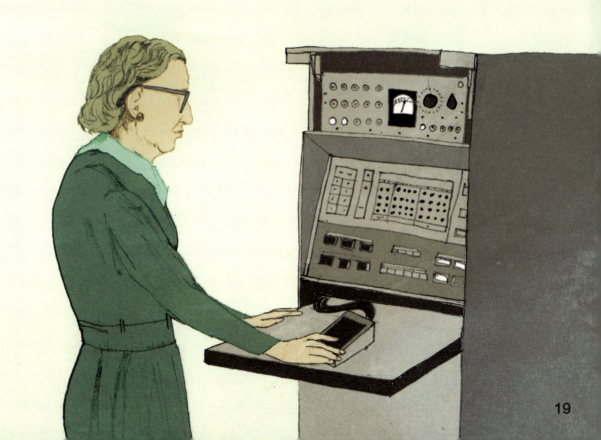

讲究逻辑

想要像程序员一样思考，你需要学会使用**逻辑**。这可能听起来有点儿困难，不过别担心，其实你不经意间一直在使用逻辑。我们每次在使用"**如果……那么……**"（If-Then）句式时，就是在使用逻辑："**如果**发生这种情况，**那么**就那样做。"例如：**如果**冷，**那么**就穿上外套。**如果**累了，**那么**就去睡觉。在逻辑中，这叫条件句。

如果你想让多个条件路径通过程序，那么你可以在编程中使用"**如果……那么……**"句式。假设，你在写一个鼓励人们增强体育锻炼的程序，那么编程中可以包含这条指令：

如果口渴，
那么就喝水。

如果人们静止不动超过
一小时，那么显示：
"动起来！"

这一过程在流程
图中表示如下：

"如果……那么……"句式可以增加**否则**这一条件，意思是
"除此之外"。因此，在一个可以提供亲切问候的程序中，编程可以
包括下述内容：

如果时间在中午 12 点之前，**那么**显示："上午好！"

如果时间在下午 6 点之后，**那么**显示："晚上好！"

否则显示："下午好！"

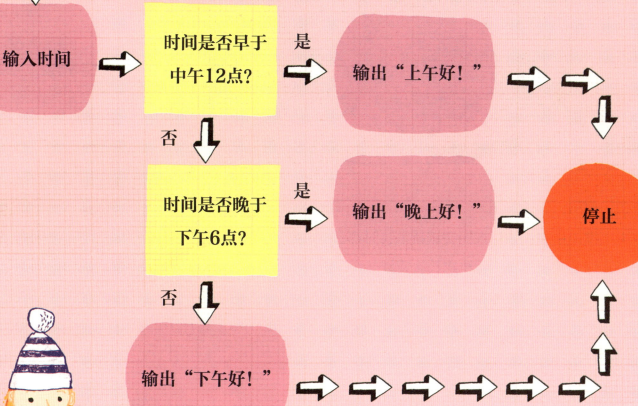

开始

输入时间

时间是否早于
中午12点？

是

输出"上午好！"

否

时间是否晚于
下午6点？

是

输出"晚上好！"

停止

否

输出"下午好！"

这些流程图有时也可以是**树状图**。试着为你生活
中的某件事创建一个流程图吧。比如说，你可以画一
个根据温度决定穿衣的流程图。

别气馁

如果你对学习编程产生退缩的想法，别担心，你不是一个人，许多人在刚开始接触编程时都会有同样的感觉。或许你应该这样告诉自己——

我能学会！

没关系的，这是人们尝试新事物时都会有的正常情绪。不过你要记住，随着你不断地学习，你的大脑也在不断地成长。或许，今天看起来很难解决的问题，在未来就易如反掌了。

幸运的是，编程从未像今天这样简单。如今，互联网上有许多编程**教程**和**论坛**，你可以找到你碰到的所有问题的答案。

如果你在学习编程中卡住，解决问题只需点击几下鼠标。

而且，编程语言也比以前更容易学习和编写了。你甚至不用知道代码的每个部分是做什么的，你只需要知道它是可以运行的就够了。

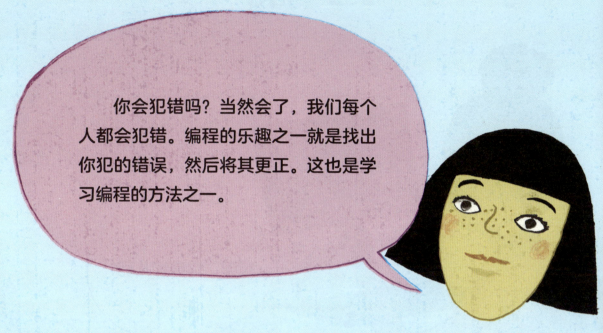

你会犯错吗？当然会了，我们每个人都会犯错。编程的乐趣之一就是找出你犯的错误，然后将其更正。这也是学习编程的方法之一。

所以，下次你再犯错，别怪你自己，就把它当成是一次学习的机会吧。

最重要的是，千万别气馁！想想此刻你脑海中最先浮现出的是什么——唱歌、骑车、烘焙又或者是下棋？你要知道，对于这些事情来说，你曾经也是一个新手。

如果你能掌握这些技能，那你也一定可以学会编程！

小心错误

没有人是完美的。每个人在编程的时候都会犯错。找出错误并修复错误是成为一名程序员的必经之路。

那么错误具体是什么呢？

错误，你在哪儿呢？

假如你在使用一款应用程序，你按下了箭头想让分数上升，可是分数却下降了，这一现象就是错误造成的。

计算机程序中可以包括数百万行代码，所以出现错误不足为奇。身为一名程序员，工作中最重要的一部分就是对程序进行测试，找出错误并消除错误，使程序顺利运行。

这一过程叫作**错误调试**。

即使程序编写完成，你仍然需要继续监控它，因为一些错误会隐藏很长一段时间才显现。

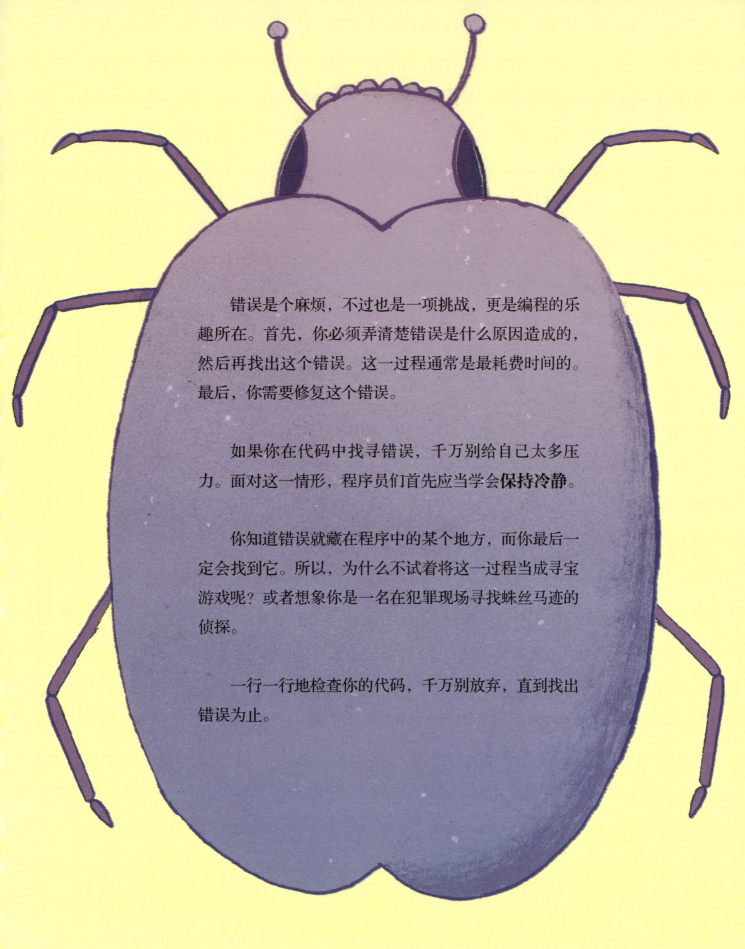

错误是个麻烦，不过也是一项挑战，更是编程的乐趣所在。首先，你必须弄清楚错误是什么原因造成的，然后再找出这个错误。这一过程通常是最耗费时间的。最后，你需要修复这个错误。

如果你在代码中找寻错误，千万别给自己太多压力。面对这一情形，程序员们首先应当学会**保持冷静**。

你知道错误就藏在程序中的某个地方，而你最后一定会找到它。所以，为什么不试着将这一过程当成寻宝游戏呢？或者想象你是一名在犯罪现场寻找蛛丝马迹的侦探。

一行一行地检查你的代码，千万别放弃，直到找出错误为止。

比尔·盖茨：微软创始人

1955 年 10 月 28 日，比尔·盖茨出生于美国华盛顿州西雅图市。他是一个很上进的孩子，在学校成绩优异，特别是科学和数学这两门课。他 13 岁时第一次接触计算机编程，加入了学校的计算机社团。盖茨惊叹于计算机的能力，他花了很多时间来研究计算机，还编写了一个可供同学们和电脑对战的三子棋程序。

盖茨最好的朋友是保罗·艾伦，他们俩把大部分的空闲时间都花在了计算机教室里，用 Basic 语言（初学者通用符号指令码）编写程序。在 1968 年的时候，两个男孩开始了自己的事业。1973 年，盖茨进入哈佛大学学习法律，不过他还继续和艾伦一起编写程序，包括为一台叫作牵牛星（Altair）的新型个人电脑编写程序。

他们为牵牛星制作的软件（计算机所使用的程序和数据）非常成功。随后，他们联手成立了一家叫作微软的公司。1979 年，这家公司市值达到 250 万美元。盖茨亲自检查了公司创建的每一行代码，而且如果他认为必要，他还会重新编写代码。

盖茨是一个非常聪明的商人，他坚持微软公司拥有所开发软件的所有权。像 IBM（国际商用机器公司）这样的大公司曾经想购买他们的代码，但是盖茨拒绝出售。这样一来，每卖出一台电脑，微软公司都能赚到钱。

　　1983 年，艾伦离开，留下盖茨独自一人负责公司。20 世纪 80 年代，随着个人计算机越来越受欢迎，微软公司的实力也不断增强。1983 年，全球约有 30% 的计算机使用微软公司开发的软件。90 年代，盖茨成了全世界最富有的人之一。

　　2000 年，盖茨从微软的日常运营工作中退了下来，他把更多的时间投入在了比尔和梅琳达·盖茨基金会上，这是他与妻子梅琳达共同创办的一个慈善基金会，致力于支持世界各地的医疗卫生事业、减少贫困并扩大教育机会。

　　比尔·盖茨之所以能获得成功，一部分原因源自他的编程才能。他还是一个富有想象力和远见的人。他准确地预见了未来——每张办公桌和每个家庭都将拥有一台个人计算机。而他则着手开发软件，这些软件对这场计算机革命至关重要。

做到准确

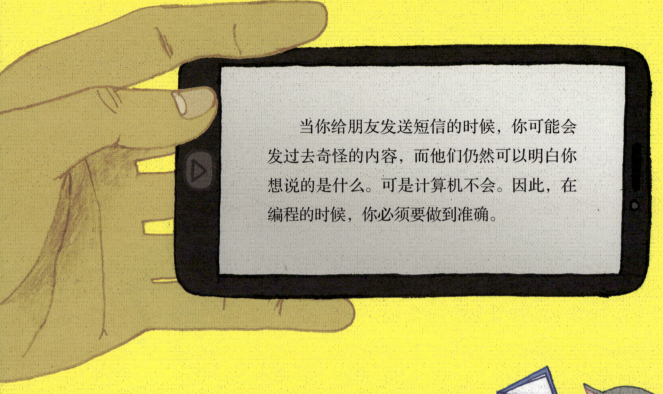

当你给朋友发送短信的时候，你可能会发过去奇怪的内容，而他们仍然可以明白你想说的是什么。可是计算机不会。因此，在编程的时候，你必须要做到准确。

如果你在一段代码中犯了一个拼写错误，或者打错了一个字符或者符号，这会使程序产生一个错误。

这种类型的错误叫作**语法错误**。

哪怕很小的失误也会产生错误。

所以，如果你想让游戏中的骑士和龙战斗，把"骑士"敲成"骑土"是不行的。

如何拼写

或者，你想让一个小淘气鬼听一个童话，如果你把"童话"敲成了"通话"也是行不通的。这可能会造成程序的崩溃，或者压根儿就运行不起来。

解决语法错误非常简单，可找到它们却不那么容易。一个常见的语法错误就是漏掉了一个引号或者括号。所以当你看到一个引号或者括号的时候，看看它的另一半是否存在。

```
patient = input（"Enter patient's name: "）
doctor = input "Enter doctor's name: "）
time = input（"Enter the appointment time: "）
print(doctor, "will see", patiant, "at", time)
```

```
患者 = 输入（"输入患者姓名："）
医生 = 输入 "输入医生姓名："）
时间 = 输入（"输入预约时间："）
显示（医生，"约见"，患著，"在"，时间）
```

记住：你越准确，在找错上花费的时间就越少。

所以，当你在编程的时候，不要一味地追求速度——要追求准确性！

答案：

第2行丢了一个"("括号，并且第4行把patient键写错误。下面是正确的代码：

```
patient = input（"Enter patient's name: "）
doctor = input（"Enter doctor's name: "）
time = input（"Enter the appointment time: "）
print(doctor, "will see", patient, "at", time)
```

注意步骤

想象你正在玩一款电子游戏，你试着逃出大反派老鼠的魔爪。但无论你怎样努力逃跑，那只老鼠总能抓到你。说不定是你做噩梦了，也可能是这款游戏有一个……

逻辑错误！

逻辑错误和语法错误有所不同。出现逻辑错误的代码本身是没有问题的，程序也能正常运行，不过它运行的方式却和程序员预期的不一样。

理解逻辑错误的最好办法就是把编程看成是写食谱，你的准备工作必须遵循一系列步骤。

所有的步骤都必须是完整且正确的，这样菜谱才有用。如果步骤的顺序错误，或者一个步骤给出了错误的指示，又或者某一步骤重复或者错漏，都会导致逻辑错误。

下面是一份奶酪三明治食谱，其中包括一些逻辑错误。

你能说出哪一步是错误的吗？

1. 拿出一片面包，在上面涂抹黄油。
2. 拿出第二片面包，在上面涂抹黄油。
3. 将第二片面包置于第一片之上。
4. 将面包沿对角切成四个三角形。
5. 取一片奶酪，置于第一片面包之上。

你能写出一个没有任何逻辑错误的食谱吗？

31

有条不紊

编程可以是趣味盎然的。同样，编程也会令人难过沮丧。不管怎样，它都会占用你的大部分时间。为了你的身心健康考虑，你不应该让它占据你生活的全部。你可以通过**有条不紊**的生活、学习来避免这种情形的出现。

我得做完！

以下是可以让你的编程生活有条不紊的小技巧。

当程序出现错误或者崩溃的时候，与其生气或者沮丧，不如给自己列一份常见错误表。每当你完成一段代码的时候，都对照着错误表确保你没有犯明显的错误。

在学习过程中，你可以保留一份有用的技能或者快捷方式列表，这样你就可以在日后拿来参考。

设定一个你想要达成的目标，并为它设立一个时限。

用日程表规划你的一天。

在你所有的行程活动中给编程留出一些时间，确保你会锲而不舍地坚持下去。

每天至少锻炼一个小时。
这样你会更加精神，充满活力！

不要在你疲惫的时候编写代码，这个时候最容易犯错了。

有些人会在早晨昏昏欲睡或者饭后犯困。

在你头脑最清醒的时候编写代码吧。

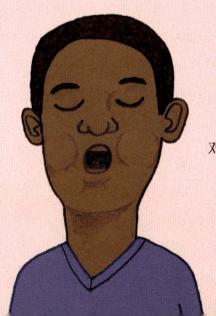

定期离开电脑休息一会儿——每小时休息五至十分钟。

你可以试着每天用十到二十分钟的时间专注于呼吸，这对集中注意力很有帮助。

团队协作

编程看起来像是一项个体活动——就只是一个人独自坐在电脑屏幕前。不过如今，编程大多都是由团队协作来完成的。所以，要想像程序员一样思考，你需要具备与他人合作的能力。你需要具备**团队协作精神**。

例如，在一个团队中，程序员负责创建应用程序界面，其他人负责理念、场景、角色、艺术以及故事设定方面的工作。

作为团队的一员，你需要具备一定的技能。你应该具备：

- 与他人沟通你的想法和主意的能力。
- 倾听他人的能力。
- 提出并接纳反馈的能力。
- 尊重团队其他成员的能力。
- 不卑不亢地赞许或者反对他人的能力。
- 坦然接受他人偶尔质疑你的能力。

有一个团建游戏你可以尝试一下。这个游戏至少需要六个人、四条丝巾以及一根长绳子。

团队的四名成员必须自愿把丝巾系在头上蒙住双眼，这样他们就看不见了。

每名被蒙上双眼的成员原地慢慢地旋转，之后必须找到绳子，捡起绳子并用绳子围成一个正方形。没有蒙上眼睛的成员可以帮助他们完成任务，不过只能用语言提示。

这个游戏看起来可能和编程截然不同，不过这个游戏能教给编程团队所需要的两个最重要的技能：沟通和合作。

请记住，团队中的每个人都是为了同一个目标在努力。你肩负着一份责任，你们每个人都希望这件事能够成功。

蒂姆·伯纳斯·李：网络创建者

想象一下没有**万维网**（World Wide Web）的生活。总要有人提出万维网这个想法，而这个人就是蒂姆·伯纳斯·李。他并不是发明**互联网**的人，互联网早在 20 世纪 60 年代就已经存在了，他只是通过创建万维网，将互联网变成了一个任何人都可以使用的工具。

1955 年 6 月 8 日，李出生于英国伦敦。他在牛津大学学习物理，1976 年以优异的成绩毕业。后来，他去了瑞士日内瓦的欧洲核子研究组织工作。

1989 年，在欧洲核子研究组织工作时，他萌生了一个不可思议的想法。他提出，全世界的科学家要能够通过互联网，用一个叫作**超文本**的系统进行信息交流和分享。超文本是包含其他文本链接的计算机文本。他把这个由相互连接的计算机组成的全球网络命名为万维网。

1989 年，李开始了这个项目。之后，他创建了第一个**网页浏览器**，并于 1991 年 8 月 6 日发布了世界上第一个网站——**http://info.cern.ch/**。李和他的团队发明了**超文本传输协议**（Http），这是一个管理在互联网上发送文件的规则系统。他还创建了**超文本标记语言**（Html），一个用于标记文本文件的系统，以便它们可以在万维网（WWW）上作为网页显示。这些创新使万维网的出现成为可能。

在李创建万维网之前，互联网只有大学和军队可以使用，互联网连接的也仅仅只有几千台电脑。得益于万维网的诞生，以及李将万维网免费对外开放这一无私的决定，互联网在世界各地迅猛发展。现如今，全球约有 20 亿个网站。

1994 年，李创建了万维网联盟（W3C），这是一个由专家组成的国际社区，他们共同努力制定万维网的规则。2008 年，李还创立了万维网基金会，这一组织致力于让网络成为对所有人免费、开放、共享的资源。

通过能力、远见和无私的态度，李创造了一个彻底改变世界的事物。

寻找漏洞

程序员创造可以使计算机工作的软件，与此同时，他们还帮助保护这些软件。一些程序员也被称为**黑客**，他们或许是为了窃取金钱或信息，设法侵入计算机系统，而另一些正义的人则在阻止他们的犯罪行为。

这些正义的程序员有时也会通过主动入侵系统来寻找计算机系统中的漏洞和缺陷。

一旦他们侵入了计算机系统，他们会警告系统所有者，使漏洞和缺陷得以修复。

这样计算机就更加安全了，而犯罪分子们也就更难以入侵系统了。

要想打败违法犯罪的黑客们，你需要擅长编程和解决问题。与此同时，你还需要像犯罪黑客们一样思考，这样你就能想象出他们可能会使用的狡猾技术了。

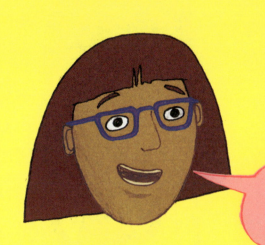

不仅仅是大公司会被"黑"，
个人账号也会被"黑"。
安全上网，请牢记以下四点。

- **密码**：使用带有字母、数字以及特殊符号的复杂密码，不要和任何人分享你的密码，定期修改密码，不要所有账号都使用同一个密码。

- **隐私设置**：设置哪些人能看到你的信息。

- **个人信息**：不要向陌生人透漏你的姓名、电话号码以及家庭住址等。确保他人不会从你的个人资料中获取到你的个人信息。

- **挂锁**：在网站输入支付或详细地址等私人信息之前，请确保浏览器地址栏中有挂锁符号——这意味着该网站是安全的。

寻求帮助

虽然编程很有趣，不过一旦遇到了问题，那也真的很令人头疼。人们热衷于分享自己的知识，所以如果你遇到了困难，向你的朋友寻求帮助吧。让他们看看你的代码，说不定他们还能检查出你的错误呢。

我哪里出错了？

如果你的朋友无法提供帮助，试着去问一些专业人士吧。把你的问题发布在**编程论坛**上。编程讨论平台是非常友好的，网友们很乐意分享他们的知识。记住，要详细描述你的问题，别太笼统。千万不要这么问……

我得怎么做？

你应该这么问——

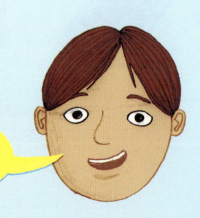

我尝试 A，想要得到 B 结果，可是最终却得到了 C。请问这是怎么回事？

告诉那些人你使用的操作系统和编程语言，其中包括导致问题出现的代码，以及你收到的任何错误信息。

当你寻求帮助的时候，请保持耐心，因为程序员通常都很忙。如果有人回复你并给出了建议，你不妨试试看，然后将哪些建议可行、哪些建议不可行反馈回去。你要是找到了解决办法，也请在编程讨论平台分享出去，让更多的人从你的经验中获益。

寻求帮助是一件令人尴尬的事情，你可能会将它看成是自己失败的证明。事实上，它证明了你学习编程以及追求上进的决心。世界上所有的程序员曾经都是新手，他们也曾需要帮助。

如果你坚持练习，总有一天，人们会找你寻求帮助的！

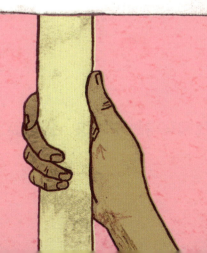

不断练习

若想取得某件事的成功，你需要不断练习。对于编程来说，练习尤为重要，因为这就是一项实践技能，和骑自行车一样。所以，别把太多时间花费在阅读编程书籍或者观看编程教程上。拿出键盘，下载一个代码编辑器，然后着手开始编写你自己的小程序吧。

熟能生巧！
对吧，小猫咪?

如何编程

少量多练通常是最好的练习方法。所以，确保你每天的训练时间不要过长，最好不要超过一个小时，记住每天都要练习。很快，你就能发现你进步了。

开始学习的时候，要专注于一门编程语言，在掌握这门语言之前不要转向另一门语言。

我编写得越来越快、越来越准确了！

初次编程的时候，你要专注于技术方面的东西，比如语法、特殊符号，还有逻辑。这时你对一切都不熟悉，你害怕犯错。

通过练习，你在技术方面越来越熟练，你开始向你的代码中注入自己的创新。

让编程成为你的兴趣爱好吧。你越享受编程，就越是想要去尝试它，也就越有信心尝试新的事物，比如设计一款应用程序或者一个网站。你完成了一个项目之后，可以把它传给你的家人和朋友，让他们使用你的程序，并向你提供反馈。

现在，你已经读完了这本书，你已经得到你所需要的全部信息，你开始像程序员一样思考了。所以，赶快行动起来，编程的世界正在向你招手。

词汇表

编程语言：程序员用来编写程序的一种语言，计算机为了理解程序而将其转换成机器语言。

伯努利数：瑞士数学家雅各布·伯努利发现的一系列对数学家十分有用的数。

操作系统：支持计算机基本功能并使计算机正常工作的软件。

错误调试：识别并消除计算机程序中的错误。

代码编辑器：为编写和编辑代码而设计的一种软件。

黑客：使用计算机非法获取数据的程序员。

互联网：一个全球性的计算机网络，人们能够在此交流和分享信息。

机器语言：一种计算机可以理解的语言。

晶体管：计算机中控制电流流动的装置。

浏览器：用于访问万维网上信息的计算机程序。

论坛：用户可以对某一特定主题发表评论的网站。

逻辑：一种用理性来判断事物是对是错的思维方式。

逻辑错误：程序中的一种错误，计算机可以执行该程序指令，但不是以编码器预期的方式执行。

软件：计算机使用的程序和操作系统。与软件相比，硬件是计算机的物理机械。

算法：计算机为了执行计算或解决问题而遵循的一套规则。

特殊符号：非字母或数字的字符，如 @。在计算机语言中，这些符号常用来表示某物。

万维网：互联网上的一种系统，它允许网页通过浏览器连接到其他网页，使用户可以从一个网页切换到另一个网页来检索信息。

应用程序：为了特定的目的而设计的程序或软件，尤其是用于智能手机等移动设备上的应用程序或软件。

语法错误：程序设计语言中导致程序崩溃或根本不运行的拼写或语法错误。

开放性
练习

锻炼你的编程思维。还记得第 15 页的游戏推荐吗？和朋友玩玩看吧。
记录下过程中的指令和反应。

1. 分配角色：谁扮作程序员，谁扮作机器人。然后选择任务，可以是穿上一双运动鞋，或其他任务。

_____

_____

2. 你的第一条指令是什么，"机器人"作何反应。

_____

_____

3. 记录下全过程，直到"机器人"完成任务。

_____

_____

介绍一位你喜欢的程序员

姓　　名_____

出生年月_____ 国籍 _____

兴趣爱好_____

主要成就_____

_____

_____

（可以是照片，也可以是肖像画）

关于他的一件事

_____

_____

_____

_____

_____

_____

你最欣赏他的一点

（粘贴相关报道或与之相关的照片）

_____

_____

_____

_____